数字影视特效

高等院校艺术学门类
“十四五”规划教材

张晓　编著

A R T D E S I G N

中国·武汉

内容简介

本书从影视特效技术发展史入手，主要针对特效核心技术在实际项目中的开发和应用，通过案例抽丝剥茧般从角色骨骼动作、摄像机运动反求、场景分层渲染、特征动态追踪、各类元素添加、后期画面提升等多方面进行流程化的整合讲解。全书条理清晰、重点突出、拓展面详尽，能帮助读者将分散的知识点统一成一套完整的技术指南。

本书适合于广大在校学生以及三维影视特效、动画制作等方面的从业者和业余爱好者。本书提供了书中案例所需要的素材、模型、贴图和插件文件以及教学 PPT（扫描下侧二维码可下载），有利于读者进行同步实践练习。

配套资料

图书在版编目（CIP）数据

数字影视特效 / 张晓编著 . —武汉：华中科技大学出版社，2021.4（2025.1 重印）
ISBN 978-7-5680-7049-2

Ⅰ.①数…　Ⅱ.①张…　Ⅲ.①图像处理软件－教材　Ⅳ.①TP391.413

中国版本图书馆 CIP 数据核字（2021）第 065772 号

数字影视特效
Shuzi Yingshi Texiao　　　　张晓　编著

策划编辑：彭中军
责任编辑：段亚萍
封面设计：优　优
责任监印：朱　玢
出版发行：华中科技大学出版社（中国·武汉）　电话：（027）81321913
　　　　　武汉市东湖新技术开发区华工科技园　邮编：430223
录　　排：武汉创易图文工作室
印　　刷：武汉科源印刷设计有限公司
开　　本：880 mm × 1230 mm　1/16
印　　张：9.5
字　　数：304 千字
版　　次：2025 年 1 月第 1 版第 4 次印刷
定　　价：59.00 元

前言
Preface

数字影视特效是利用图像处理等软件对摄影机实拍的画面或软件生成的画面进行加工处理，并产生影片所需要的新合成的视觉效果或纯三维的高仿真影像。经过多年的数字科技发展，影视特效已渗透到了电影创作的方方面面，对前期的项目策划、剧本创作，中期的造景拍摄、道具制作，以及后期的配光校色、剪辑合成等都有重要影响。这使它不仅仅成为影视作品视听效果的增色剂，更成为影视创作革命的推动者。

随着中国影视产业的蓬勃发展，数字影视特效针对目标观众群的创作要求越加迫切。但是当前的前沿技术多以分散的案例形式呈现于读者面前，缺少系统性的流程化讲解，使各类知识点停留于单一的板块，无法实现作品从前期到中期再到后期的完整性创作，也使得创作者对不同流程环节的衔接技巧大打折扣。基于上述原因，本书参考了当前国内外最新商业案例，结合众多网络资源，整合不同流程的优劣势，生成一套闭环式创作的生产模式，以此顺应数字影视特效技术发展的大趋势。

本书在编写过程中得到了很多人的帮助，在此真诚感谢华中科技大学出版社编辑老师的辛勤工作，以及学校领导对我的支持和信任。更要感谢选用本书的广大读者，你们的批评指正是我不断改进的动力，希望我们彼此之间能架起一座友谊的桥梁，为我国的影视产业发展贡献自己的力量。

张　晓

2021 年 4 月 8 日

目录
Contents

SHUZI YINGSHI TEXIAO

第一章
电影特效技术

【学习重点】

了解影视作品中主要特效的发展过程。

【学习难点】

通过案例，认识重要电影特效的各种制作手段和应用方式。

电影特效的发展经历了从无到有、逐渐强大的过程，为观众带来了极致的视觉体验和感官享受。这一次次的技术变革和创新，蕴含了诸多电影人的智慧结晶，无疑是电影发展史册上浓墨重彩的一笔。这里，我们按照时间的进程，来看看每次重大的技术发明和升级。

一、胶片时代特效

1. 停机再拍技术

历史上第一个电影特效“停机再拍技术”是由法国导演乔治·梅里爱（Georges Melies）发明的。其原理是：固定摄影机的机位与景别，开机拍摄一段时间后停机，接着对被摄物体进行改动后再拍摄，如此反复之后将多个镜头组接在一起，生成画面中的物体逐渐增多或凭空消失、突然变换了外形或闪现出来的神奇效果。代表作品《胡迪尼剧院的消失女子》（*The Conjuring of a Woman at the House of Robert Houdin*，1896 年）如图 1–1 所示。

图 1–1

该技术在《灰姑娘》（*Cendrillon*，1899 年，见图 1–2）中被充分运用，观众们惊叹于老鼠变成人、南瓜变马车和灰姑娘一键换装的魔法场面。随后，导演乔治·梅里爱在创作世界上第一部科幻电影《月球之旅》（*A Trip to the Moon*，1902 年，见图 1–3）时，运用模型和特殊的化妆方式，在短短的 21 分钟内把著名科幻小说家儒勒·凡尔纳（Jules Verne）所描述的人脸月球搬上了大银幕，引起一时轰动，从此揭开了电影特效史的序幕。

图 1–2

图 1–3

2. 遮罩与多重曝光技术

导演乔治·梅里爱继续探索，他将一块涂黑的玻璃作为遮罩，用它挡住镜头的一部分进行拍摄，拍摄完毕后将胶卷倒回，用遮罩挡住另一部分再进行拍摄，多次曝光后，不同的画面就会出现在同一副胶卷上，这就是遮罩与多重曝光技术。代表作品是《一个顶四》（*Four Heads Are Better than One*，1898 年，见图 1–4），他利用此技术，在同一画面中合成了四个脑袋。

图 1–4

埃德温·鲍特（Edwin S. Porter）执导的电影《火车大劫案》（*The Great Train Robbery*，1903 年，见图 1–5），利用 14 个镜头讲述了一个关于劫匪抢劫火车并最终被捕的故事。剧中车站外行驶而过的火车和火车行驶时窗外掠过的风景都是通过遮罩与多重曝光技术合成的。此时的技术突飞猛进，已经基本能达到以假乱真的效果。

图 1–5

3. 转描机技术

马克思·弗莱舍（Max Fleischer）约在 1914 年发明了转描机技术，它是利用一套特制的摄影装置，把胶片投影到动画师的桌面上，使动画师能根据真人的表演把画面一帧帧地描下来（见图 1–6）。代表作品有《大力水手》（*Popeye the Sailor*）、《贝蒂娃娃》（*Betty Boop*，1930 年，见图 1–7）、《白雪公主》（*Snow White*，1937 年，见图 1–8）、《101 忠狗》（*101 Dalmatians*）、《美女与野兽》（*Beauty and the Beast*）、《铁扇公主》等。该技术简单快捷，使许多绘画新手也能依葫芦画瓢地制作出各种形象的卡通角色。另一方面，转描机技术也为真人电影提供特效支持，例如《群鸟》（*The Birds*，1963 年，见图 1–9）中的成群飞鸟、《星球大战》（*Star Wars*，1977 年，见图 1–10）中的光剑、《电子世界争霸战》（*Tron*，1982 年，见图 1–11）中的发光服装，都是利用转描机一帧一帧添加到镜头上的。

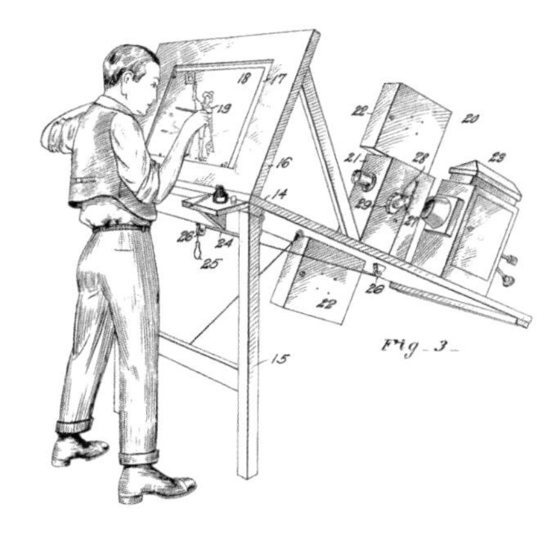

图 1–6

图 1–7

图 1–8

图 1–9

图 1–10

图 1–11

4. 木偶模型技术

基础特效化妆技巧早在 1930 年由纽约美术家巴克发明，最早是用雕塑的手段制造一个全脸的乳胶面具。随后出现了众多应用基础特效化妆技术的电影，1931 年的电影《化身博士》（*Dr. Jekyll and Mr. Hyde*，见图 1–12）出现过 6 次精彩的人物转变，这 6 次转变堪称模型化妆技术对电影史的卓越贡献。

图 1–12

电影《金刚》（*King Kong*，1933 年，见图 1–13）中的大猩猩，其实是艺术家威利斯 · 奥布莱恩（Wills O'Brien）制作的 4 个不同大小和材质的金刚模型。其中，有两个是 18 英尺（约 5.5 米）高的金刚模型，用铝做了金刚的骨架，用泡沫橡胶、乳胶做了金刚的肌肉，在外面蒙上了一层橡胶，再用兔毛做了金刚的毛发，两只眼睛用玻璃制作。就是这样一个简单的模型引领了特效艺术早期的成功之路。

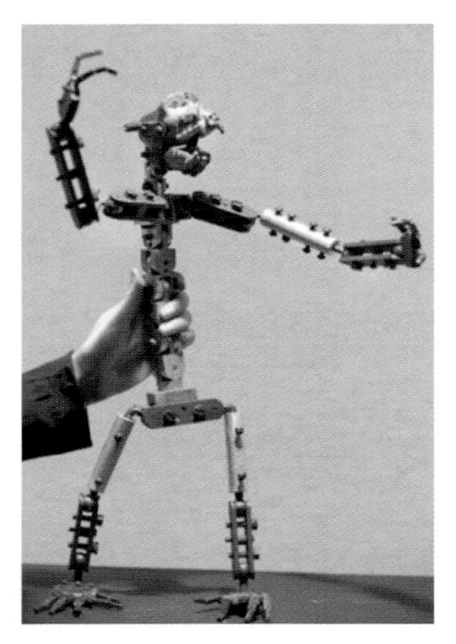

图 1–13

5. 动态遮罩技术

好莱坞早期电影摄影师、演员和特效大师弗兰克 · 威廉（Frank D.William）在 1918 年发明了动态遮罩技术，又被称为威廉遮罩法。它解决了过去静态遮罩导致被拍摄物体不能触碰到遮罩的边缘，摄影机始终固定且无法自由移动等问题，并在 1927 年的电影《日出》（*Sunrise: A Song of Two Humans*）中被首次使用。画面中的两位主角在短时间内，突然从川流不息的马路走进宁静如画的田园，再回到拥挤吵闹的都市（见图 1–14）。这种技术原理是将主要角色置于纯黑的背景面板前拍摄，由于摄影机的负片对黑色背景不感光，于是摄影机就只拍到了纯粹的演员影像。之后，将胶卷拷贝一份并进行高对比度处理，于是便得到了一个动态的遮罩，使运动中的角色可以清晰地被分离出来。将已经拍摄好的底片和动态遮罩同时放进摄影机里继续拍摄背景部分，遮罩会挡住底片上已经感光了的前景人物，而遮罩中的透明部分会使胶片二次感光，填补之前未感光的部分。

图 1–14

但是，动态遮罩技术也有它的局限性，因为纯黑的背景面板要求前景的目标物体身上不能产生阴影或任何纯黑色调的部分，否则这些黑色区域会如背景一样不被感光。在 1933 年，导演詹姆斯 · 怀勒（James Whale）反倒是利用这项技术的弊端，拍摄出了电影史上第一个隐形人，详见电影《隐形人》（*The Invisible Man*，见图 1–15）。

图 1–15

在此之后，遮罩技术继续更新升级，1925 年，道奇 · 邓宁（C.Dodge Dunning）发明了蓝幕技术，即：利用彩色照明设备，使背景呈现蓝色，而前景呈现黄色，再通过渲染和滤镜等处理，将前景与背景分离，进而形成动态遮罩。通过这种处理方式，动态遮罩中便能够保留拍摄目标的阴影。电影《金刚》首次使用了蓝幕技术（见图 1–16）。

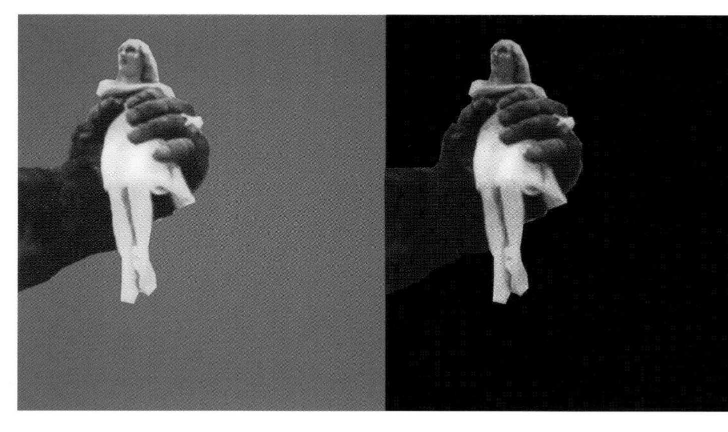

图 1–16

20 世纪 40 年代，彩色电影已经在好莱坞兴盛起来。彩色电影是利用红、绿、蓝三原色可以组合出任何颜色的原理，在摄影机里装上三条胶片分别拍摄三原色，然后把它们叠印在一张胶片上成像。英国特艺色公司的彩色摄影机如图 1–17 所示。1940 年，特效大师劳伦斯 · 巴特勒（Lawrence W. Butler）在电影《巴格达大盗》（*The Thief of Bagdad*）中终于实现了彩色电影的抠像技术。巴特勒为了使背景能被彻底分离出来，选择了与人的肤色反差最大的蓝色作为背景色进行拍摄。而且蓝色的像素颗粒最小，把它从三色印染的底片中分离出来，就能得到剪影遮罩并用于最终的前景和背景合成（见图 1–18）。尽管还有一些细节上的问题，比如头发的纹理、缕缕烟丝、模糊或动态画面等都无法实现百分百的精准抠像，不过这种局限并未影响蓝幕技术的普及和发展。

图 1–17

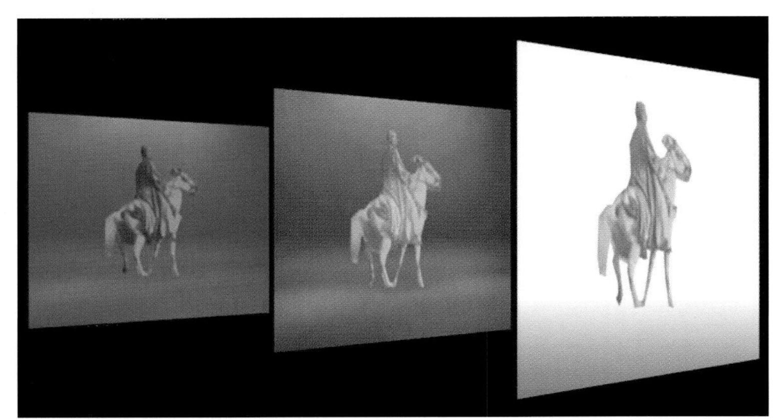

图 1–18

6. 镜面摄影技术和强迫透视技术

1926 年，德国特效师、摄影师尤金 · 舒夫坦（Eugen Schüfftan）在帮助弗里兹 · 朗（Fritz Lang）拍摄《大都会》（*Metropolis*）时发明了舒夫坦合成技术（Schüfftan process），又被称为镜面摄影技术，是好莱坞黄金时代盛行的一种镜子合成技术。它在拍摄目标和摄影机中间增加一块镜子，通过特定角度，将实景拍摄对象和镜子中反射出来的景物共同拍摄下来（见图 1–19）。由于镜子中反射出的景物是真实的，因此它也拥有了真实的景深效果。这样，两者结合就会让观众看到原本不存在于真实世界里的场景。

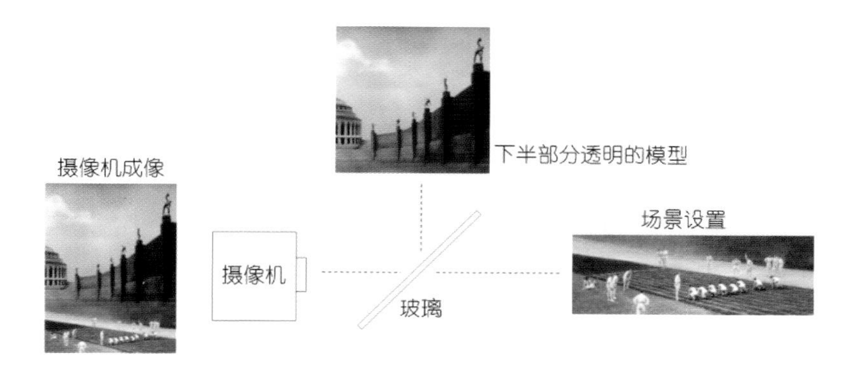

图 1–19

1927 年，弗里茲 · 朗在电影《大都会》（见图 1–20）中创新性地使用了强迫透视的方法，其本质就是错位拍摄，令被摄建筑物看上去比实际的模型要大。它的原理是利用光学幻觉，使拍摄对象呈现出更大或更小、更远或更近的效果。具体做法是把模型按照更小的尺寸进行建造，然后用更近的距离来拍摄，以得到一种场景更加开阔的效果。例如：图 1–20 中的摩天楼是按照 1 ： 16 的尺寸进行建造的，而下面的小车仅仅是模型道具，甚至有些建筑只完成了下半部分的构造。

图 1–20

又比如，电影《摩登时代》（*Modern Times*）中卓别林穿着溜冰鞋滑冰险些从楼上摔下，就是强迫透视和绘景技术共同作用的结果（见图 1–21）。

图 1–21

后来，镜面摄影技术和强迫透视技术经常同时使用。例如，1958 年罗伯特 · 斯蒂文森（Robert

Stevenson）导演《梦游小人国》（*Darby O'Gill and the Little People*）时，派出一个摄制组到爱尔兰拍摄外景，把主要人马留在美国本土的摄影棚，最后再用绘景方法将两处拍摄的镜头合成在一起。为了让剧情中身高远低于常人的小人与正常人在同一个画面中出现并互动，采用了镜面摄影法和强迫透视技术来造成巨大的身高差距（见图 1–22）。

图 1–22

7. 逐格动画技术

逐格动画技术是把要拍摄的模型，事先设计好一组连贯的动作，分解成每秒 24 格分别进行拍摄，然后再翻印到电影胶片上。1933 年拍摄电影《金刚》时，威利斯 · 奥布莱恩等特效人员根据剧情要求操控木偶猩猩的肢体表演，区区一分钟的戏份就耗费数小时来完成（见图 1–23）。1963 年，好莱坞老一辈动画大师雷 · 哈里豪森（Ray Harryhausen）制作影片《杰逊王子战群妖》（*Jason and the Argonauts*）中主角杰逊王子与骷髅兵格斗的场面，一帧一帧耗时四个半月才完成（见图 1–24）。该技术为电影动画的发展铺设了一个良好的开端，成为之后几十年电影特效的重要技术之一。

图 1–23

图 1–24

8. 绘景技术

绘景技术是诺曼 · 道恩（Norman Dawn）于 1907 年绘制电影《加州任务》（*California Missions*，见图 1–25）中的布景时发明的，是用绘制的画面来表现虚构的环境。特效师通常将影片中所需要的画面，通过手绘绘制在透明的玻璃板上，使其与拍摄画面有更逼真的结合（见图 1–26）。此方法后来成为描绘虚幻场景的最佳解决方案，因为它能最大限度地降低大型背景场景搭建的费用，并减少了外景拍摄的难度。代表作品有《绿野仙踪》（*The Wizard of OZ*，1939 年）中的翡翠城（见图 1–27）、《公民凯恩》（*Citizen Kane*，1940 年）中的仙那度（见图 1–28）等。传统绘景技术的最高峰要数“星球大战”系列，几乎所有的宇宙场景都是工业光魔公司的艺术家使用油彩和水彩在巨大的玻璃幕墙上一点一滴地绘制出来的（见图 1–29）。直到今天，仍有许多导演热衷于绘景技术。

图 1–25

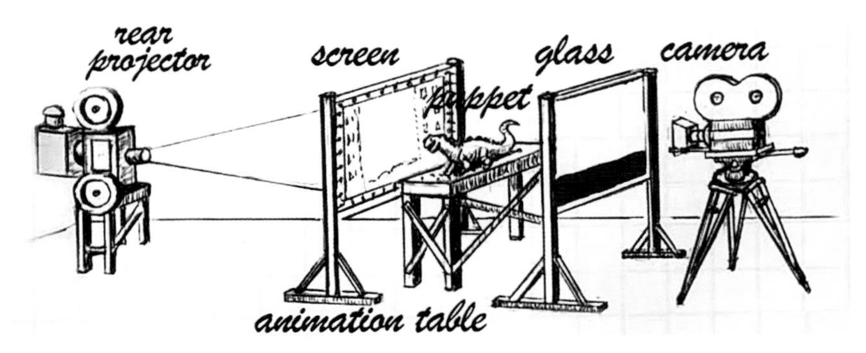

图 1–26

图 1–27

图 1–28

图 1–29

二、数字时代特效

1. 摄影机运动控制技术、正面投影技术和狭缝扫描技术

直到 1954 年，计算机作为人类电影史上最为重要的工具诞生了。电影制作人在经过初期阶段的探索和总结后，开始了更加大胆的特效技术创新。1968 年，导演斯坦利 · 库布里克（Stanley Kubrick）执导的科幻片《2001 太空漫游》，其中有一个非常知名的镜头，即失重状态下的演员在一个圆环状走廊里面倒转 180 度（见图 1–30）。实际上，当时采用了旋转圆环走廊和固定在布景上的摄影机的技术（摄影机运动控制技术），使观众对原本在原地行走的演员产生了相对运动的错觉。另外，《2001 太空漫游》也是史上第一部大规模使用正面投影技术（见图 1–31）和最早的狭缝扫描技术（见图 1–32）的电影。正是这些技术的应用，让每一位观众在飞船飞向木星的镜头中拥抱了木星的光环与熠辉。

图 1–30

图 1–31

图 1–32

2. 微缩模型技术

如果没有微缩模型，一些电影根本不会存在，尤其是科幻类的电影。特效师们利用建筑学原理和错觉，将场景中的东西做小以使其能反衬出太空的浩瀚。例如：乔治·卢卡斯（George Lucas）执导的《星球大战 4》（*Star Wars*，1977 年，见图 1–33）、J.J. 艾布拉姆斯（J. J. Abrams）执导的“星际迷航”等电影中，微缩模型技术是被普遍应用的手段。当导演需要制作一个超级广阔的场景，但同时又没有足够的空间，最保险的方法就是借助微缩模型。这样不仅能满足实际需要，还能有效降低成本。

图 1–33

3. 计算机技术

在二十世纪七八十年代，电影特效因全新的创作思路以及计算机成像等技术的全面革新而有了翻天覆地的变化。乔治·卢卡斯为了拍摄“星球大战”，专门成立了工业光魔公司来完成电影中多达 365 个的特效镜头。他们研发了可以记录多张光学软片并通过重复拍照的方式整合在一张胶卷上的图门光学印刷机（见图 1–34），还设计出了可根据实际需求编写程序来精确控制摄影机运动的计算机控制系统 Dukstraflex（见图 1–35），并利用计算机剪辑电影、设计音乐、创建模型（见图 1–36）、合成特效。从此，计算机技术被正式引入电影行业。

图 1–34

图 1–35

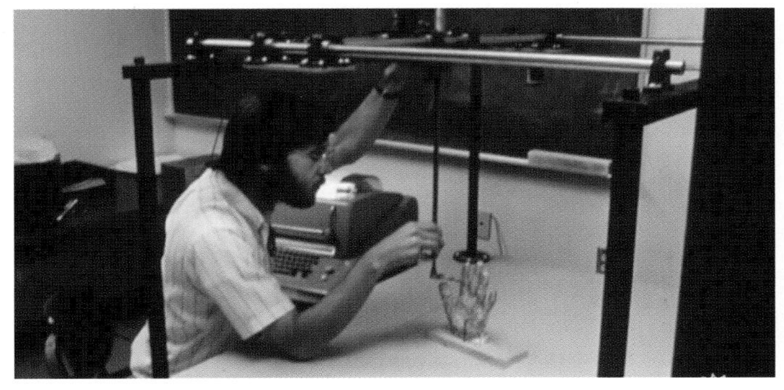
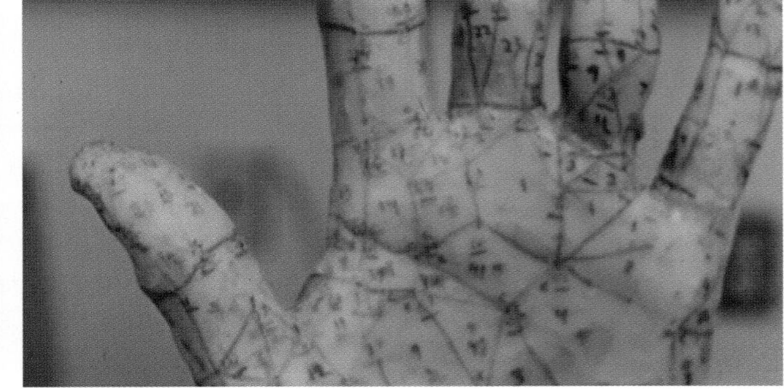

图 1–36

很快，第一个用计算机合成的角色在 1985 年的电影《少年福尔摩斯》（*Young Sherlock Holmes*）中现身，这个彩色玻璃人的镜头虽然只有短短 30 秒的时间，却惊艳四座（见图 1–37）。

图 1–37

1988 年，特效师在电影《风云际会》（*Willow*）中，针对数字拍摄素材，利用计算机编辑手段中的淡化和剪辑，实现了第一个角色变形镜头。如：芬 · 雷齐尔从山羊到鸵鸟、孔雀、海龟、老虎，最后变成人形的一系列精彩组合，其间没有使用假模型和剖面图镜头，而是通过用细木杆支撑的木偶的表演和电子计算机控制的卡通画面完成了这一复杂的过程（见图 1–38）。

图 1–38

与此同时，第一部真人与二维卡通合成的电影《谁陷害了兔子罗杰》（*Who Framed Roger Rabbit*，1988 年）也跃然银幕，片中一共有 1000 多个特效镜头。为了让片中的二维角色跟随运动镜头的改变而变化，生成同样的透视效果，动画设计师理查德 · 威廉姆斯（Richard Williams）借助特殊的技术手段，发明了光、影、色调多层次转换的摄影系统，而每一个真人和动画结合的画面都是由 14 个画面合成，从而使实拍胶片与二维动画的合成变得自然而流畅（见图 1–39）。

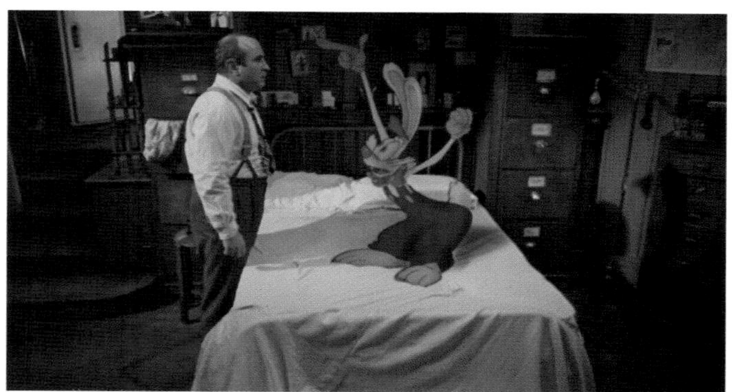

图 1–39

1989 年，计算机动画（CG）技术踏上了液体技术的征程，在詹姆斯 · 卡梅隆（James Cameron）执导的电影《深渊》（*The Abyss*）中，它创造了前所未有的水下特技效果。另外，还首次在电影中使用了大量的计算机生成影像，塑造了一个纯液态的水脸角色。它不仅拥有可随意变换的外形，还需要兼顾液体的反光和折射，并且模仿角色的面容和表情，达到令人信服的逼真效果（见图 1–40）。

图 1–40

两年后，《终结者 2》（*The Terminator 2*，1991 年）中的液态机器人 T–1000 是水脸的升级版，再次利用计算机提升液体模型的质感。另外，一些简易的模型道具也被继续应用。由于液态金属的特质，T–1000 被枪打到的部分会出现凹陷的效果，之后这些凹陷都会恢复原状。其实是运用将可以爆破出凹陷的遥控装置固定在衣服上，再将它用特殊的橡胶材质进行掩盖的传统特效手法。拍摄时，按照被枪射到的时机，一一同步地进行遥控爆破。之后，部分的枪口愈合场面才使用计算机来完成（见图 1–41）。

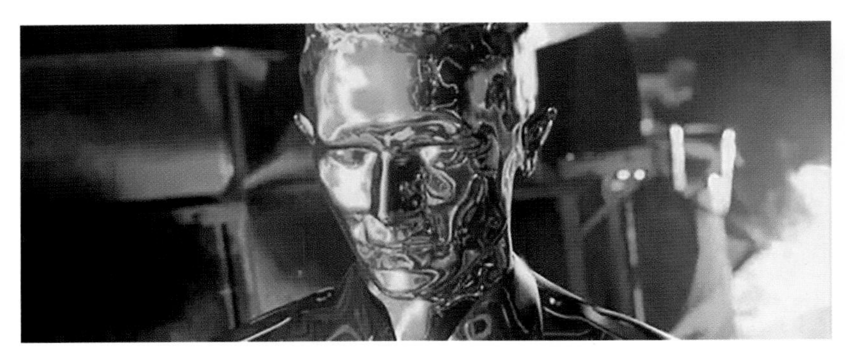
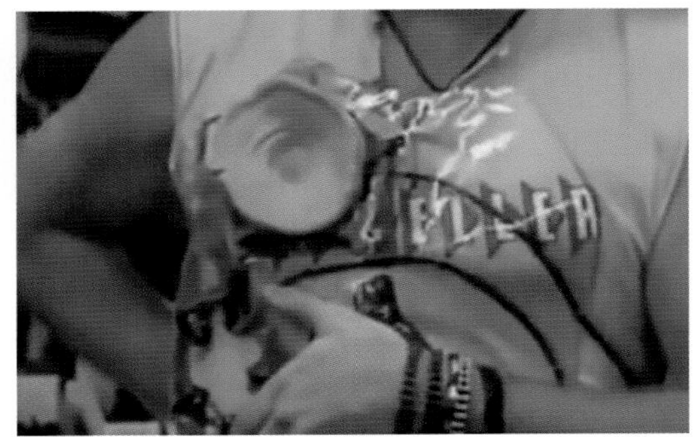

图 1–41

1993 年，导演史蒂文 · 斯皮尔伯格（Steven Spielberg）拍摄了电影《侏罗纪公园》（*Jurassic Park*，见图 1–42）。为了在片中真实呈现出远古时期的庞然大物，他找来斯坦 · 温斯顿（Stan Winston）和菲尔 · 提佩（Phil Tippett）分别制作电子恐龙和远景画面中的动态恐龙。古生物学家杰克 · 霍纳（Jack Horner）负责监督恐龙的设计工作，从而将恐龙打造成动物而并非怪物。从此，CG 技术制作的虚拟角色开始逐渐占据更多的银幕，也标志着电影特效行业进入了一个全新的时代——全数字时代。

图 1-42

4. 运动跟踪匹配技术

运动跟踪匹配技术基于镜头反求技术，在后期制作中，根据拍摄场景的特征点反求出拍摄现场的场景和拍摄现场摄像机的运动轨迹，然后在后期合成时置入制作好的三维角色、三维场景、三维道具等多种元素，使画面和前期实拍融为一体。比如：在《饥饿游戏》（*The Hunger Games*，2012 年）中，凯特尼斯走进战场、男女主角逃亡等场景都使用了运动跟踪匹配技术，替换了远处的建筑物，并添加爆炸的特效（见图 1-43）。电影《狼人镇》（*Wolves*，2014 年）中，角色面部变形就是先通过面部绿色定位点反求出模型形状和摄像机运动路径，再依此匹配上面部的血斑纹理（见图 1-44）。

图 1-43

图 1–44

5. 绿幕抠像技术

现在，大多数特效影片都会使用绿幕抠像技术，它又被称为色度键抠像技术。简单来说，这项技术是在计算机中将拍摄画面中的背景绿幕抠掉，再替换上其他背景。绿幕技术全面崛起，是因为数字拍摄已经逐步取代了老式胶片摄影，数字信号的采集模式是 RGGB，里面的双份绿色使许多数字感光器材都对绿色更为敏感，所以在绿幕背景下拍摄将更方便制作动态遮罩。同时，由于蓝幕和天空颜色相近，在涉及户外场景的拍摄时，绿幕能避免蓝幕带来的抠像不完整等麻烦。并且，绿色服装也不像蓝色服装那样常见。因此，如《罪恶之城》（*Sin City*，2005 年，见图 1–45）、《300 勇士：帝国崛起》（*300：Rise of an Empire*，2014 年，见图 1–46）等电影几乎每个镜头都是基于绿幕技术制作而成的。

图 1–45

图 1–46

6. 子弹时间技术

“子弹时间”经典镜头来源于 1999 年《黑客帝国 1》（*The Matrix*）中尼奥仰身躲子弹的情节，整个镜头持续旋转了 360 度，使观众能观察到美丽的慢动作瞬间（见图 1–47）。子弹时间技术可用于强化慢镜头、时间静止等效果。特效师们最开始尝试使用常速运动的摄影机围绕慢速运动的角色进行拍摄，所以在摄影机上连接一个微型发射器，这样摄影机就能以很快的速度运动，但是结果差强人意。后来，特效总监提出在被摄目标体的周围摆放一圈静止的照相机（而非摄影机），使照相机群能够快速捕捉这一刻的动作，再将这一帧的所有照片组合起来以构成对静止物体的视角旋转效果，或者超级慢镜头效果。

图 1–47

7. 虚拟摄影技术

数字技术的发展使得虚拟摄影成为现实。虚拟摄影是指所有的镜头拍摄都在计算机的虚拟场景中进行。拍摄时，虚拟的人物、场景、道具、灯光等元素在计算机中全部展现，供导演指挥调度来完成任何角度的拍摄。例如，《黑客帝国 1》中一场搏杀的戏，是先通过动作捕捉器把尼奥和一百个史密斯该完成的所有动作全部输入计算机，继续利用高清摄影机拍摄下演员脸部的每一个精细反应来获得面部数据，最后，导入做好的虚拟场景、道具和一些特殊效果，完美地合成与真实世界一样的虚拟世界（见图 1–48）。这样，导演沃卓斯基姐妹（The Wachowskis）就能指挥镜头自由地围绕重要角色旋转，或者在他们中间任意穿插，寻找更合理的角度，让镜头顺滑地从超慢速过渡到超高速。可以说，虚拟摄影技术解放了导演的无限想象力。

图 1-48

8. 毛发技术

2001 年，《怪物公司》（*Monsters, Inc.*）中的毛怪萨利是第一个数字毛发特效角色（见图 1-49）。当时导演要求做出一个让人一眼看到就想抱抱的角色，技术团队为此专门开发了一款名为“Fitz”的工具，从中建立了完全仿真的动力学模拟系统，把每根毛发看作一个个曲线和粒子链，再加上对粒子动力学原理的模拟，最终成功地实现了长毛绒效果。

11 年后，毛发技术有了质的飞跃，《少年派的奇幻漂流》（*Life of Pi*）中的 CG 老虎，就耗费了 15 名特效师一年的时间，才最终做到 CG 老虎和 24 个用真实老虎拍摄的镜头相差无几（见图 1-50）。为了让 CG 老虎的毛发能以假乱真，特效师们必须考虑到毛发的长短粗细、颜色质感、排布规律以及毛发下肌肉的运动、不同环境条件下毛发呈现的状态等。

图 1-49

图 1-50

之后，《奇幻森林》（*The Jungle Book*，2016 年）中的 CG 动物向特效师们发起了更艰巨的挑战。片中动物的每一根毛发都必须对光线做出正确反射，并且需要按照各种动物的毛发生长规律对其进行梳理工作，使其纹路走向、软硬程度符合各种动物的特性。例如：黑豹巴希拉的毛很短，没有明显的纹路，但是细腻光亮；相比之下，棕熊巴鲁的毛就厚实粗糙得多，并且比较蓬松；而猩猩路易王的毛则是一缕一缕的，像是很久没有打理过；母狼拉克莎的毛干净整洁，疏密有致，清爽利落（见图 1-51）。为此，在光照方面，Moving Picture Company （MPC）升级了光线追踪渲染器来进行画面渲染，这种算法的运算量非常大，但能得到尽可能逼真的效果。

众所周知，毛发和水的模拟难度都非常高，而当这两者同时出现并交互时，简直是难上加难。这就是整部影片制作难度最大的场景：毛克利坐在巴鲁的肚子上嬉戏。制作人员根据棕熊的实际浮力调整了其肚皮露出水面的高度，并且水中的毛发是像水藻一样散开，而水面以上的毛发则会一束束地紧贴在身上，细致入微地模拟出了水面以上和水面以下两种不同的毛发状态（见图 1-52）。

图 1-51

图 1-52

9. 动作捕捉技术

特效电影的创作者们并没有止步不前，而是将注意力集中在了功能更强大的计算机上，运用 CG 技术和动作捕捉技术，呈现出万千丰富的想象世界。动作捕捉技术在电影、动画、游戏、医疗、科学等领域已崭露头角，其本质就是运用一系列技术手段，捕捉表演者的运动轨迹和表情，接着将这些捕捉而来的数据导入动画模型定位系统中来完成动画的创作。

20 世纪 90 年代初，第一部使用动作捕捉技术的电影诞生，即《全面回忆》（*Total Recall*，1990 年）。影片中短短数秒的 X 光骨骼扫描镜头，演员们身着贴身白色服装并佩戴 18 个反光感应器，周围有 6 个黑白摄影机同时记录他们的运动，再由计算机分析感应器位置的变化来获得角色的整体运动信息（见图 1–53）。它是由行业佼佼者 Motion Analysis 公司提供的技术支持。虽然戏份少，技术和设备都很粗糙，但它为之后的电影开辟了先河。

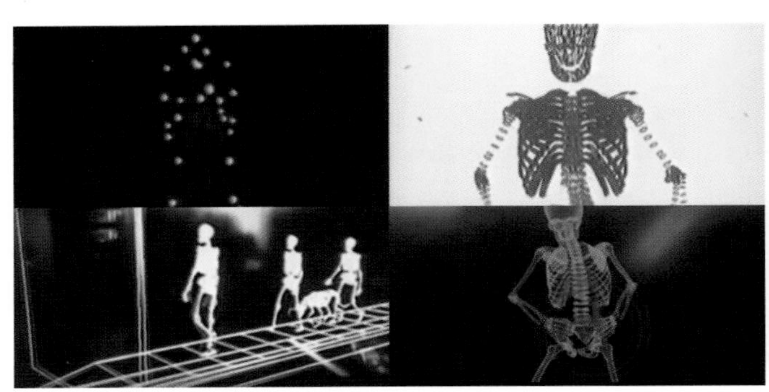
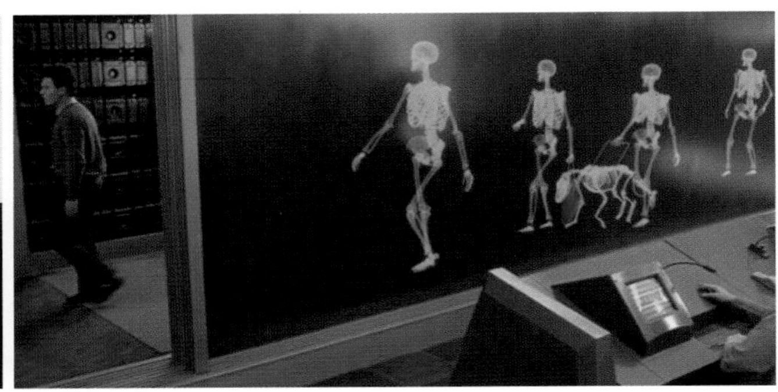

图 1–53

之后，电影《最终幻想》（*Final Fantasy*，2001 年）全程使用了动作捕捉技术，以惊人的水准实现了当时制作水平下最接近真实的画面效果（见图 1–54）。虽然最后票房惨淡，但是它对动作捕捉技术，乃至整个 CG 技术，都起到了十分重大的推动作用。

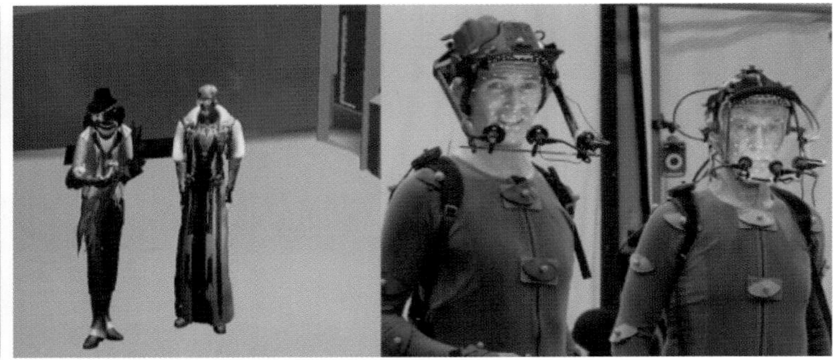

图 1–54

2007 年的电影《贝奥武夫》（*Beowulf*）实现了对眼球运动的捕捉。之前因为无法在眼球上安装跟踪点，所以一直没有实现。后来，电影特效师们巧妙设计，在角色的眼睛上安装了有标记点的隐形眼镜，成功地完成了对眼神的跟踪（见图 1–55）。

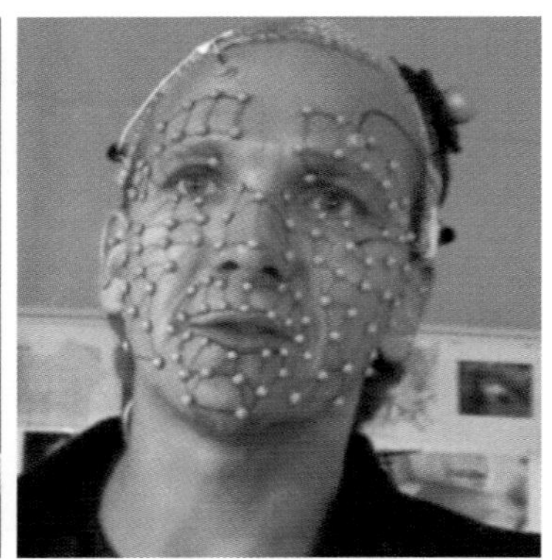

图 1–55

面部捕捉技术的质感和精细度在电影《本杰明 · 巴顿奇事》（*The Curious Case of Benjamin Button*，2008 年）中再次得到提升，所有的特效部门将其精力全都用于布拉德 · 皮特饰演的角色面部。为了还原演员面部表情的信息，特效人员利用三维扫描技术复制出了皮特头部的 3D 数字模型，然后制作者让皮特做出多种表情，并分别制作出每一种表情的模型，同时他们也制作了各个年龄段巴顿的头部三维数字模型。最后，制作者把皮特头部的三维数字模型和巴顿头部的三维数字模型各个关键点对应起来，才最终完成了这部电影（见图 1–56）。

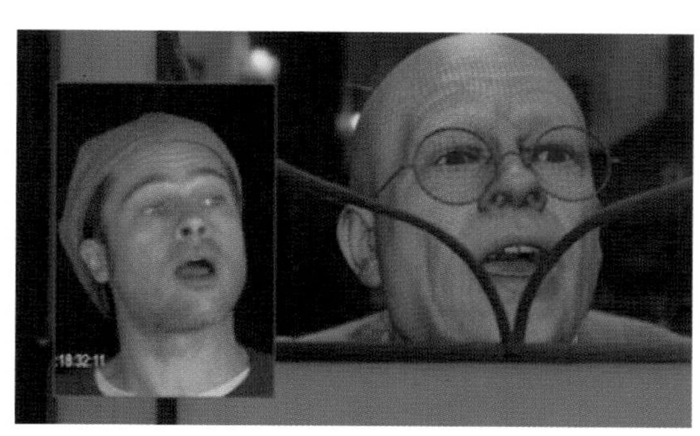

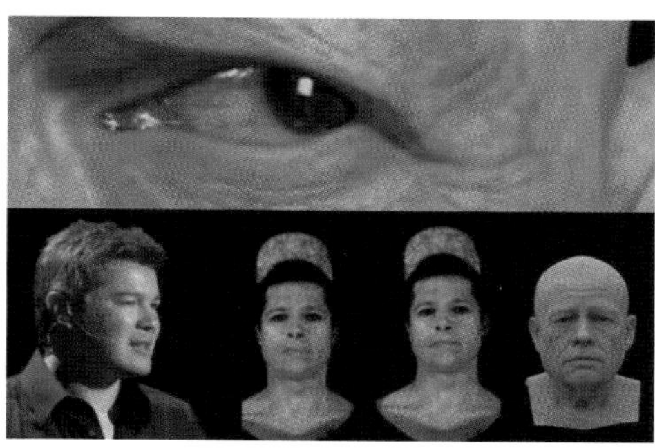

图 1–56

电影《阿凡达》（*Avatar*，2009 年）里，纳美人无论肢体动作还是脸部表情都与真人无异，正是使用了光学式动作捕捉技术。拍摄时，演员穿上布满感应器的服装，随着演员的表演，感应装置将相关动作的数据传至计算机，特效人员再依样生成纳美人的动作（见图 1–57）。动作捕捉通常在摄影棚里完成，演员们不用化妆，只要凭空演戏。由于是 360 度记录演员的动作，因此不存在机位的问题，这就要求演员必须全身心投入角色和故事。

图 1–57

由于动作捕捉的局限性，大量的细微表情无法同时记录到角色身上，需要后期的动画制作加以弥补，比如“指环王”中“咕噜”的整个面部表情就是完全依靠计算机动画添加而成。因此，《阿凡达》导演卡梅隆为了最大程度还原演员的表演，将一个安有微型摄像头的头盔装置延伸到角色面部，记录脸部感应点的相关数据，这样就同步出演员的每一个表情（见图 1–58）。

图 1–58

《猩球崛起 1》（*Rise of the Planet of the Apes*，2011 年）在《阿凡达》的基础上开发了脸部肌肉组织模拟技术，同时将原有的皮肤和内部肌肉模拟软件做了改进，增强面部表现，再利用整个系统，用动画生成面部表演（见图 1–59）。猿类面部特写要求的技术精度很高，它们的每一个面部表情、每一个身体动作，都设置了关键帧和动作节点。图 1–59 左上角灰色区域中的一系列白色曲线，就是记录猿类连贯动作的关键帧曲线。

图 1–59

之后，动作捕捉技术又在《丁丁历险记》（*The Adventures of Tintin*，2011 年，见图 1–60）、《加勒比海盗 4》（*Pirates of the Caribbean*，2011 年，见图 1–61）、《复仇者联盟》（*The Avengers*，2012 年，见图 1–62）等优秀电影作品中继续被应用与创新。至此，动作捕捉技术成为科幻电影中尤为重要的一项电影特效技术。这项技术打破了 CG 与真人表演间的界限，特效师们能够尽情发挥他们天马行空的创造力，演员们也摆脱了服饰、道具、化妆和模型带来的束缚，可谓是继 20 世纪 90 年代后的又一次辉煌。

图 1–60

图 1-61

图 1-62

10. 虚拟预览技术

电影《阿凡达》中 60% 以上的画面都是 CG 效果。为了快速准确地匹配真人角色表演和虚拟场景的数据，导演卡梅隆专门开发了一款能够结合虚拟场景实时预览真人表演效果的摄影机。这种摄影机能够帮助导演同步观察演员和虚拟世界的交互情况，指导每一个镜头的运动。在演员表演的同时，卡梅隆可以通过旁边的 LCD 屏预览到演员“化身”为近 3 米高的蓝色纳美人行走在潘多拉星球上的画面效果，准确判断画面质量是否达标。同时，该摄影机还为导演提供了任何现实世界中难以企及的拍摄视角，也提供了虚拟场景随意微缩的功能。依靠这套神奇的设备，卡梅隆在 CG 世界中运镜自如，让画面呈现出仿佛实拍一般的动感（见图 1–63）。

图 1–63

11. 特效化妆技术

特效化妆是指化妆师利用血浆、硅胶、乳胶、石膏模型、合成树脂等材料，倒模或雕刻出栩栩如生的身体或者器官等部件，再将部件和演员的身体贴合起来加以上妆修饰，达到以假乱真的效果。经过几十年的发展，该技术越发精细，大量的特效化妆角色出现在实拍电影中。1993 年，新西兰导演彼得 · 杰克逊（Peter Jackson）与好友理查德 · 泰勒（Richard Taylor）共同创建了维塔工作室（Weta Digital），我们熟知的电影如“指环王”、“霍比特人”、《阿凡达》等片中的视觉效果均出自于维塔的制作团队，他们的绝活是传统的道具与模型特效。

在制作电影《霍比特人 1》（2012 年）中的矮人角色时，除了庞伯的整张脸进行特效化妆，其余人几乎只是做个 T 字区的特效妆，基本就是前额加鼻子，然后与周边的皮肤结合起来。另一方面，演员们身披泡沫塑料做成的带帽斗篷，看着就像是从他们的后脑勺长出来的，再加上竖起的耳朵，人显得更宽，而这些“机关”都隐藏在手工制作的假头套下面，因此整体上就显出了身材的笨重（见图 1–64）。

图 1–64

因为 T 形特效妆会遮住演员的眉毛，所以每个 T 形妆上都要进行手工植眉。同样的，矮人的手掌和手臂上进行手工植汗毛。每一个特效妆的制作素材都掺入了棉屑、羊毛屑等基本原料，由此造就皮肤下流动的血液、雀斑、皱纹、疮疖、血管、疤痕等逼真的纹理质感，只有这样才能保证在镜头前显现最真实可信的形象（见图 1–65）。

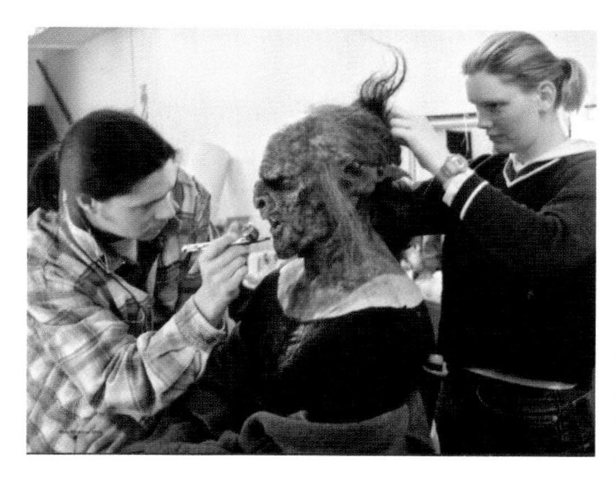

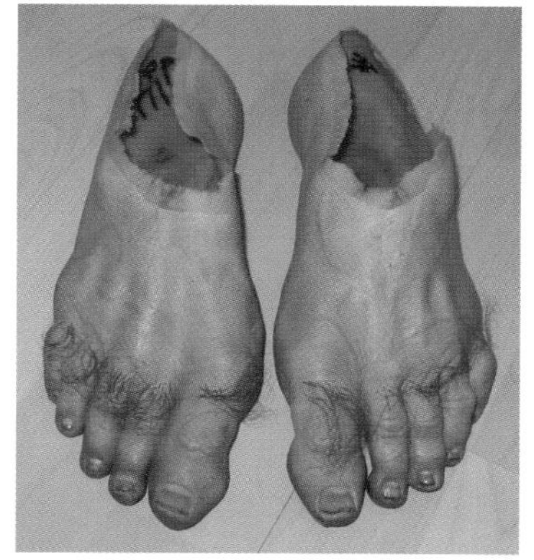

图 1–65

12. 全息投影技术

全息投影技术也称虚拟成像技术，是利用干涉和衍射原理记录并再现物体真实的三维图像。它不仅可以产生立体的空中幻象，还可以使幻象与表演者产生互动，一起完成表演，产生令人震撼的演出效果。比如：《回到未来 2》（1989 年）中电影院前树立的巨大又逼真的大白鲨（见图 1–66）；《钢铁侠 1》（2008 年）中的男主角在自己的工作室设计盔甲（见图 1–67）；《阿凡达》中杰克对未知潘多拉星球进行地形分析（见图 1–68）；《复仇者联盟 4》（2019 年）最终结尾阶段，托尼使用全息投影技术完成了对女儿最后的告别（见图 1–69）。全息投影技术的创新与应用定将助力未来电影的发展，产生更多从 180 度到 360 度展现的惊人效果，让我们拭目以待吧。

图 1–66

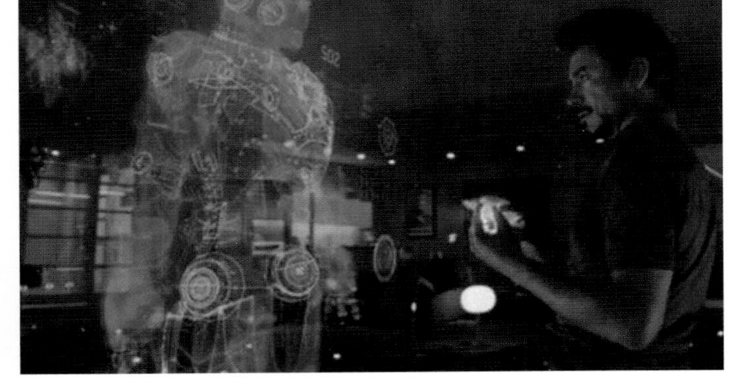

图 1–67

图 1–68

图 1–69

13. 声音特效技术

声音特效即所谓的音效，通常是由拟音师、录音师、混音师协作完成。拟音师负责画面中所有特殊声音（例如爆炸声、脚步声、破碎声等）的捕捉。声音捕捉如图 1–70 所示。录音师负责将拟音师捕捉到的声音进行收录，最后通过混音的编辑加工成为影视电影使用的音效。声道设计上，从 5.1、7.1、11.1、13.1 到近几年推出的全景声，提出了声音全方位、无死角覆盖的精准声场空间定位的概念。相比之下，声音特效的发展不如视觉特效迅猛。

图 1–70

三、人工智能时代特效

1. 群体动画技术

电影《指环王 1》为了制作一个多达十几万精灵、人类以及其他生物组成的联盟军与黑暗魔君索隆的妖魔大军混战的场面，Weta Digital 公司专门开发了一款 MASSIVE（multiple agent simulation system in virtual environment，虚拟环境群体模拟系统）软件，用以模拟各种大规模群体动作场面，例如两军对垒、兽群奔跑、鸟群飞翔等。该软件的工作原理是用粒子模拟控制系统控制 70,000 余个人工智能角色，让他们对所“看到”“听到”“触摸到”的事件自动做出反应，逐项筛选跑、袭击、刺杀、倒下、死去等一系列动作，然后选择适合他们的动作，最后在 Maya 平台上合成最终的动画效果（见图 1–71）。该技术有效地解决了雇用群众演员成本高、指挥调度困难、拍摄任务艰巨的问题。

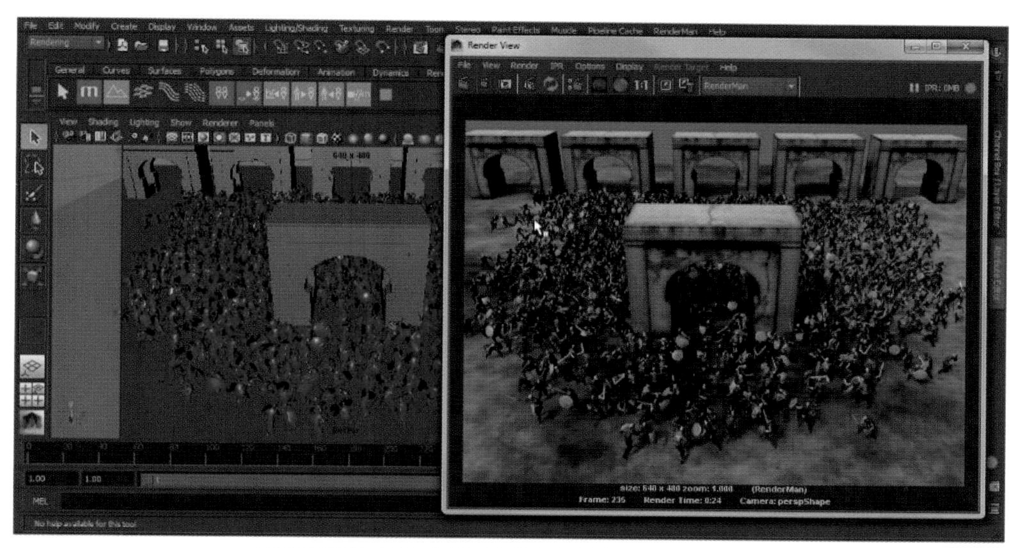

图 1–71

2. 计算机学习算法

目前，人工智能技术已经通过大数据计算算法和分析等技术对人类感情进行了一定的搜集和模拟，通过人工智能进行影视创作，可以为影视创作的情感注入提供更加有力的资源库。在电影《复仇者联盟 3》中，制作团队为了展现灭霸庞大、愤怒而又充满悲悯的角色个性，使用了一款名为 Masquerade（假面舞会）的定制机器学习软件。首先，他们在演员 Brolin 的脸上放置 100 到 150 个跟踪点，用两个垂直方向的高清摄像头捕获这些跟踪点数据，然后让机器学习算法判断哪种高分辨率的形状将会是针对该镜头的最佳解决方案。得到方案后，制作人员会对效果不好的镜头在建模中进行调整并将这些调整的数据反馈给基于机器学习的人工智能系统，系统会根据这些数据进行学习，逐步制作出符合特效团队设想的灭霸（见图 1–72）。

图 1–72

【内容总结】

本章按照时间顺序，依次讲解了胶片时代、数字时代和人工智能时代的主要电影特效技术。其中，重点介绍了当前电影制作中主要使用到的动作捕捉技术、绿幕抠像技术和动态追踪技术。这不仅能帮助我们了解电影特效中的各类制作方法，也有助于我们在之后的实际案例操作中具备清晰的基本概念，从而创造性地进行内容设计和项目开发。

【课后作业】

（1）复习本章中电影特效的主要技术和实现方法。

（2）举例说明当下某部电影中的特效制作技术。

第二章
模型骨骼绑定

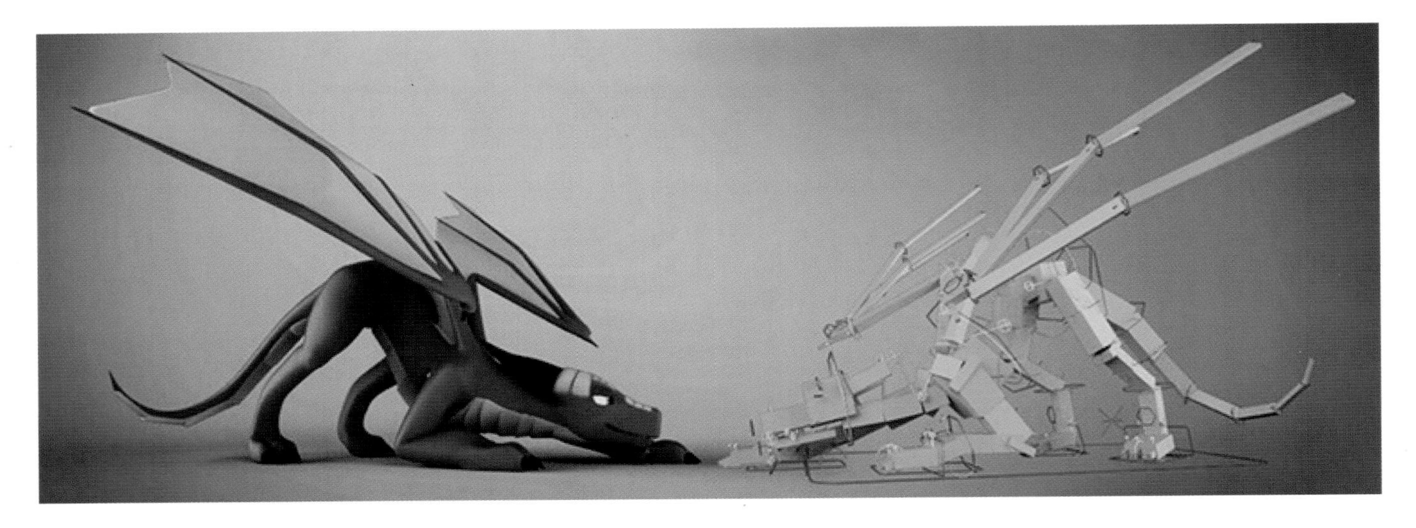

【学习重点】

了解三维角色骨骼绑定的方法和步骤。

【学习难点】

对每一个制作步骤都有清晰的认识，能把握骨骼设置的技术方法。

一、骨骼系统概念

三维软件中的骨骼系统是指通过一系列的虚拟关节，模拟出类似于生物体形体变化的骨骼支撑系统（见图 2–1）。骨骼系统的运行是基于骨骼动力学。骨骼动力学分为正向动力学和反向动力学两种。

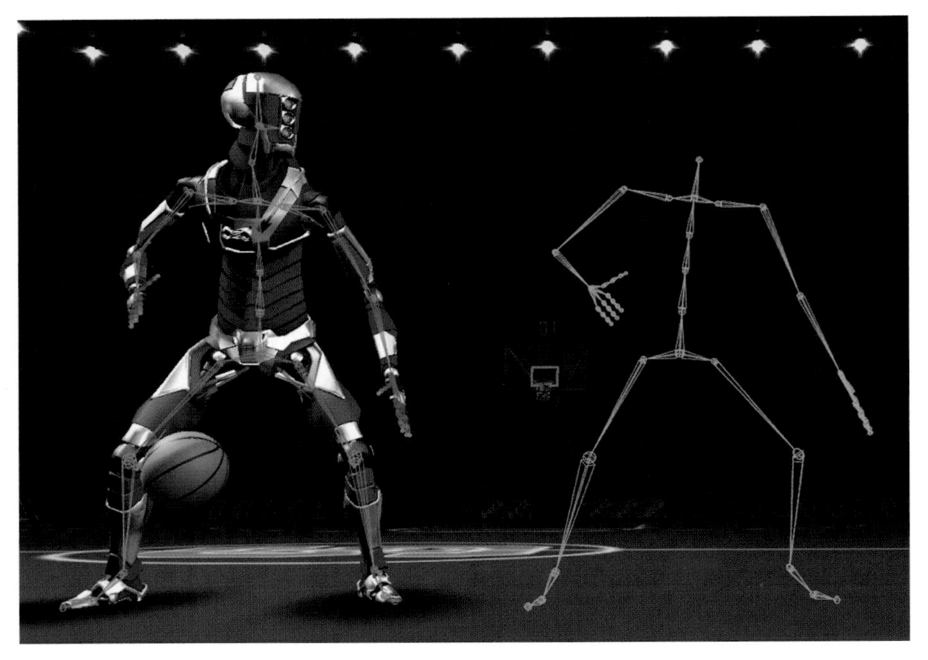

图 2–1

正向动力学（forward kinematics）：关节之间具有从属关系，是以父级关节带动子级关节运动的方式行进。拿手臂举例，上臂的力量会传递给下臂，而下臂的运动又会传导给手掌。这种动力学其实就和父子级关系一样，父级会影响子级的运动，在制作角色动画时主要发生于上身躯干和手臂部分，相对更加直观。

反向动力学（inverse kinematics）：和正向动力学相反，这种动力学需要在两个关节间设置一条 IK 链，然后通过调整末端关节上的 IK 控制器，让软件计算出中间关节的位置，相对正向动力学更加复杂。一般使用反向动力学去制作角色的行走动画，便捷高效，但也有雷区，例如关节数量一多，很容易出现不良结果。

二、创建角色骨骼

1. 指定项目文件位置

为了确保原始模型的纹理贴图能正常显示，我们首先为模型指定项目文件的初始位置。点击 Maya 菜单栏中的 File（文件）> Set Project（设置项目）命令，找到并选中 Marvin 文件夹，点击窗口中的 Set（设置）按钮确定（见图 2-2）。

2. 打开模型文件

点击 Maya 菜单栏中的 File（文件）> Open Scene（打开场景），打开 Marvin_start 的文件，效果如图 2-3 所示。此时机械模型处于 T 字造型，是一种较为理想的骨骼绑定造型。

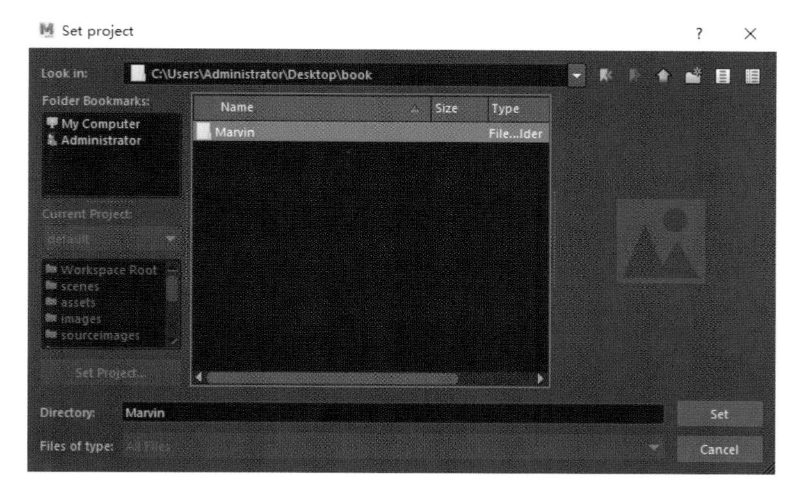

图 2-2

图 2-3

3. 冻结所有模型的变换参数

框选整个模型，执行 Modify（修改）> Freeze Transformations（冻结变换）命令，使每一个模型的 Translate（位移）、Rotate（旋转）和 Scale（缩放）属性都变为 0、0、0，0、0、0 和 1、1、1 的初始状态。这样，即使后期不小心变换了模型位置或形状，在通道栏中输入对应的 0、0、0，0、0、0，1、1、1 也能快速将模型恢复到初始状态。注意，我们对模型本身以及模型外面的组都需要进行冻结操作。

4. 删除历史记录

为了精简文件大小，点击 Edit（编辑）> Delete by Type（按类型删除）> History（历史），就把右侧通道栏中 INPUTS 下的所有操作记录都删除了。

5. 创建骨骼系统

点击状态栏右侧的角色控制按钮，展开如图 2-4 所示的角色骨骼控制面板。在该面板中点击 Create Skeleton（创建骨骼）按钮，视口中生成一套骨骼系统，如图 2-5 所示。

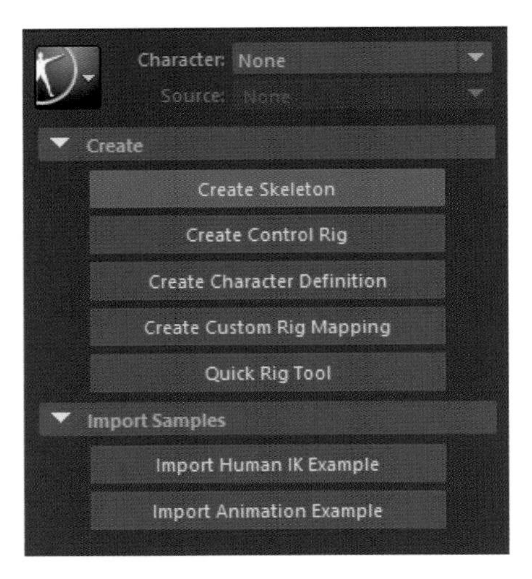

图 2-4

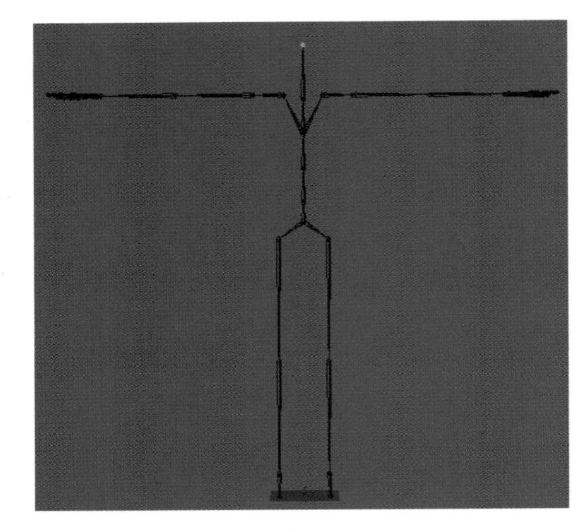

图 2-5

6. 重命名角色

点击角色控制面板中的按钮，在弹出菜单中选择 Rename Character（重命名角色），在弹窗中输入 Marvin，点 OK。这样，我们就把角色更名为项目中指定的名字。

7. 设置骨骼的数量和大小

在角色控制面板中，取消勾选 Finger Bones（手指）下的 Pinky（小指），勾选 Toe Bones（脚趾）下的 Middle（中指），把 Num Bones（骨骼数量）设为 1，再取消勾选 Toe-Base（脚趾基础），如图 2-6 所示。然后，选中世界中心的 Locator，用缩放工具将其缩小到模型的高度，如图 2-7 所示。

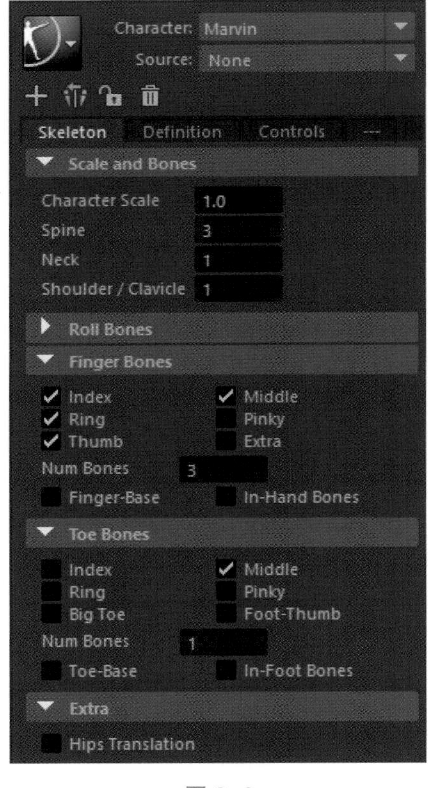

图 2-6

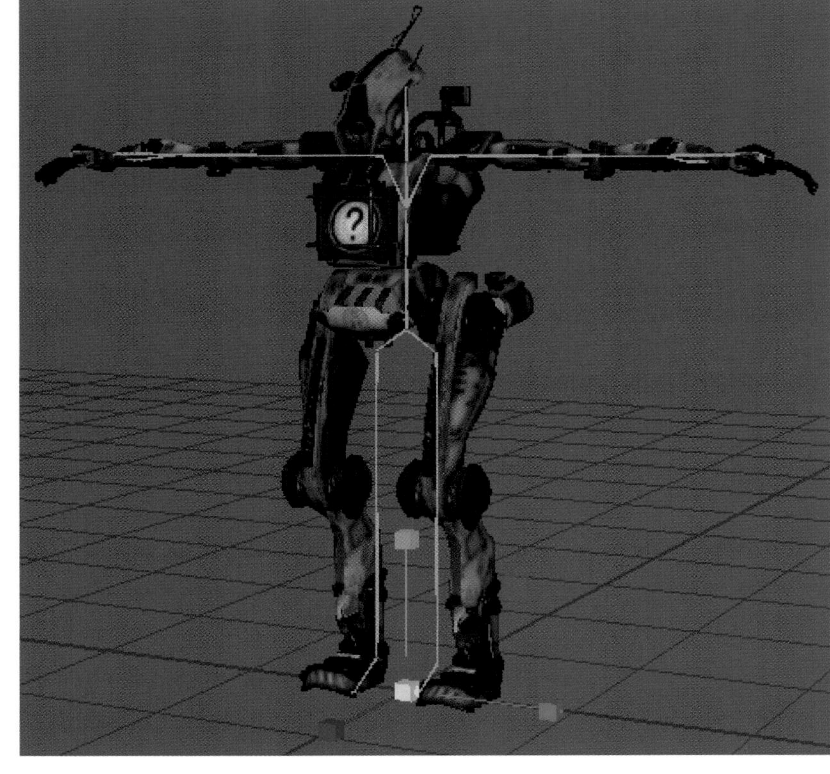

图 2-7

8. 编辑关节位置的方法

为了节约操作时间，我们使用移动工具仅针对模型左侧的骨骼进行位置调整。注意，直接移动一段关节，其下的子关节都会随之移动。如果需要单独移动某一个关节，先按一次 D 键，轴会进入带黄色小方块和蓝色圆圈的编辑状态，如图 2-8 所示。调整完成后，再按一次 D 键，轴又恢复到正常的移动状态。

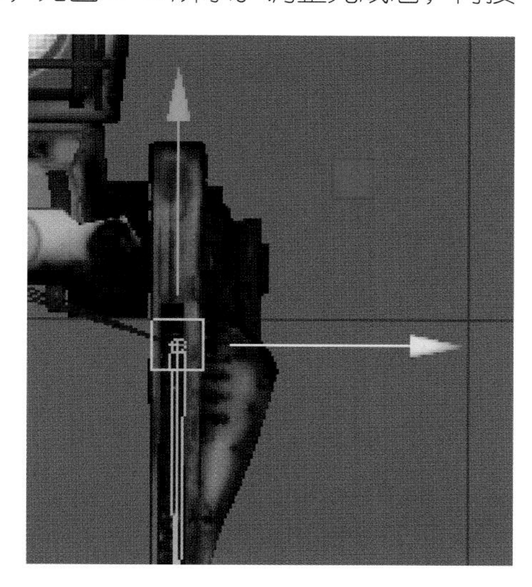

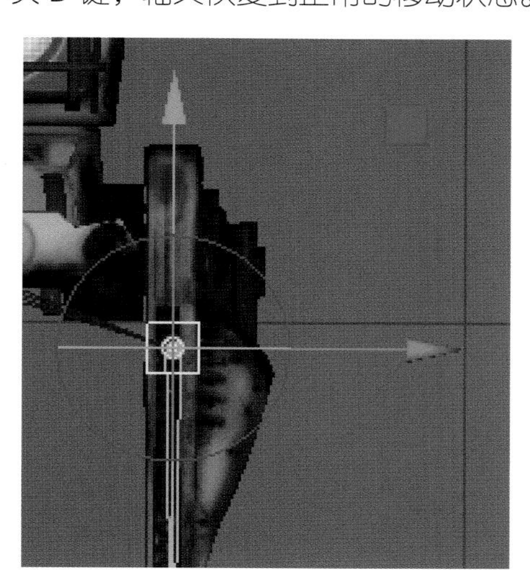

图 2-8

9. 匹配脚部骨骼关节位置

对于角色腿部，可先在正视图中水平拖拉大腿关节的宽度，然后在侧视图中调整膝关节、踝关节、脚掌和脚趾的关节位置，如图 2-9 所示。注意，在调整前期准备过程中，可以先把模型添加到图层中进行锁定，然后开启视口中的 Shading（描影）> X-Ray（X 射线），如图 2-10 所示，使模型呈半透明显示，有利于观察骨骼的位置。

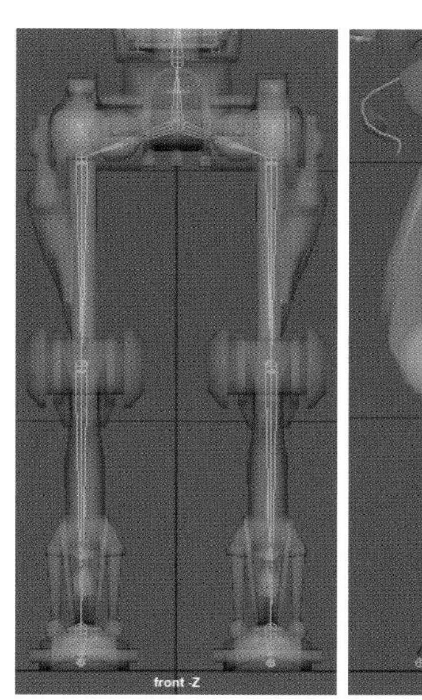

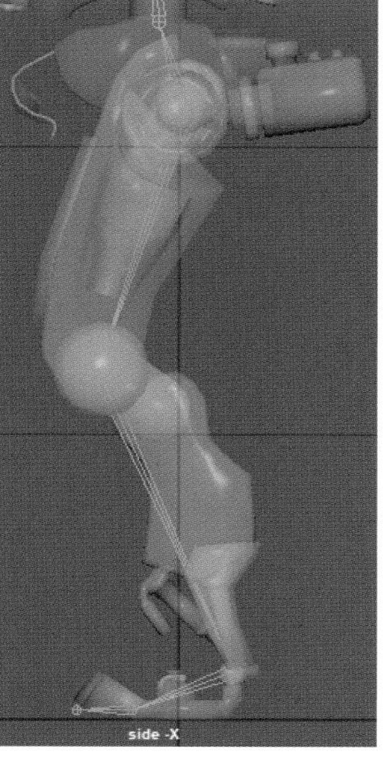

图 2-9

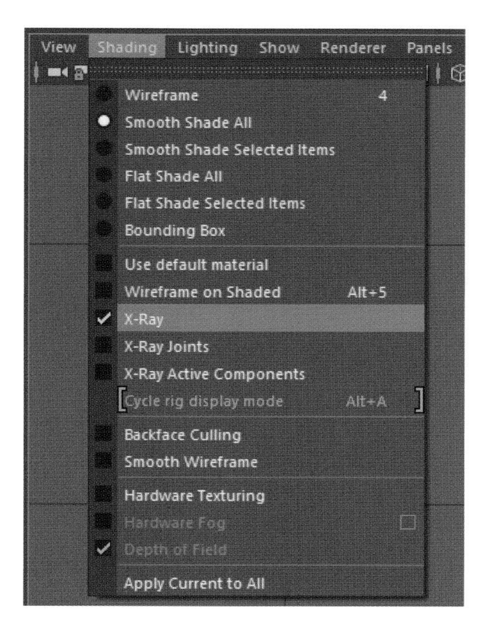

图 2-10

10. 匹配躯干骨骼位置

为了使躯干的骨骼始终处于模型的正中心，我们应当只从侧视图进行位置调整，分别将臀部、腰部、胸部、脖子和头部的关节移动到如图 2-11 和图 2-12 所示的位置。因为默认情况下，自动生成的骨骼就处于左右对称的世界中心位置上。

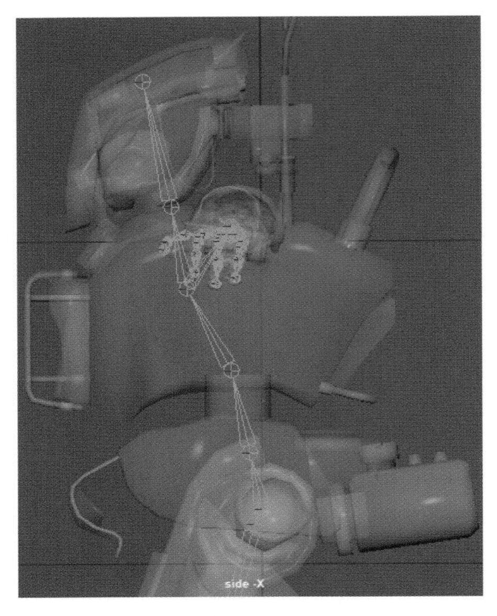

图 2-11

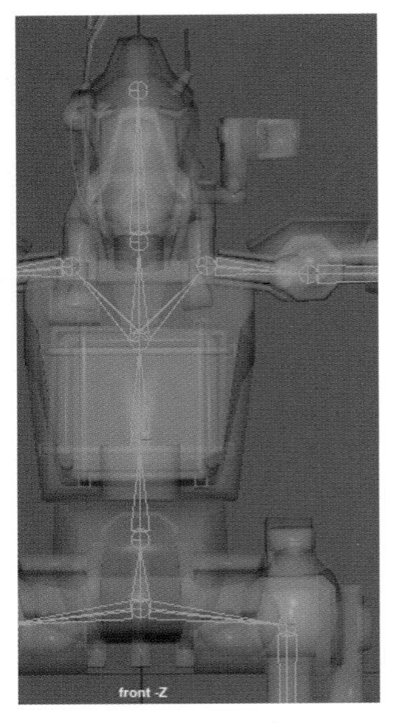

图 2-12

11. 匹配手臂骨骼位置

为了后期能使用 IK 进行手臂控制，上手臂和下手臂应该在前视图中处于一条直线上。因此，我们先去顶视图调整锁骨、肩关节、肘关节、腕关节的位置，如图 2-13 所示，并且确保上手臂和下手臂的骨骼始终在一条水平线上，如图 2-14 所示。

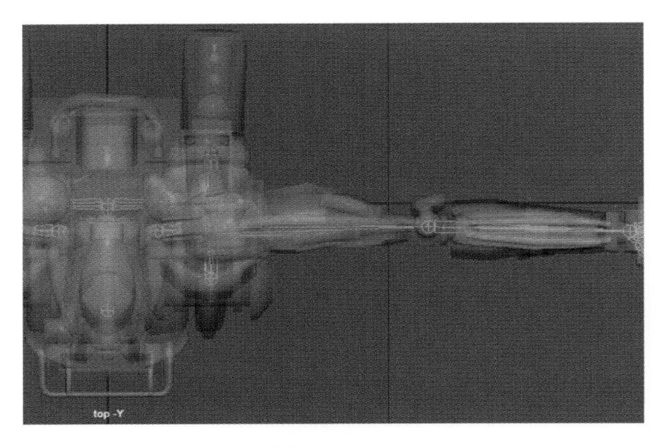

图 2-13

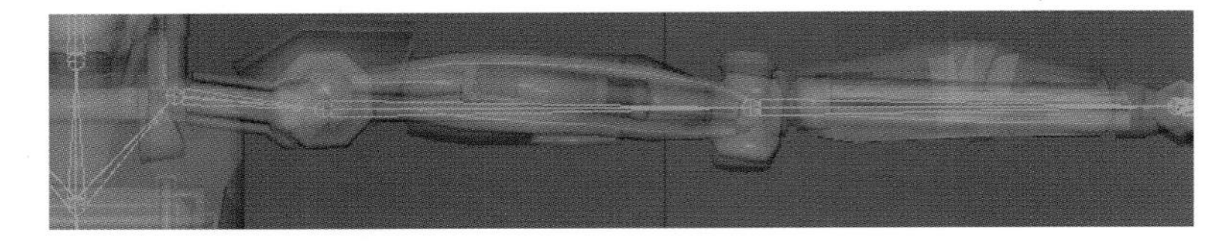

图 2-14

12. 调整骨骼的显示尺寸

手指骨骼较为密集，此时需要将关节的尺寸缩小。执行 Display（显示）> Animation（动画）> Joint Size（关节尺寸）命令，如图 2-15 所示，在弹窗中自由拖动滑块，使骨骼逐渐变小。

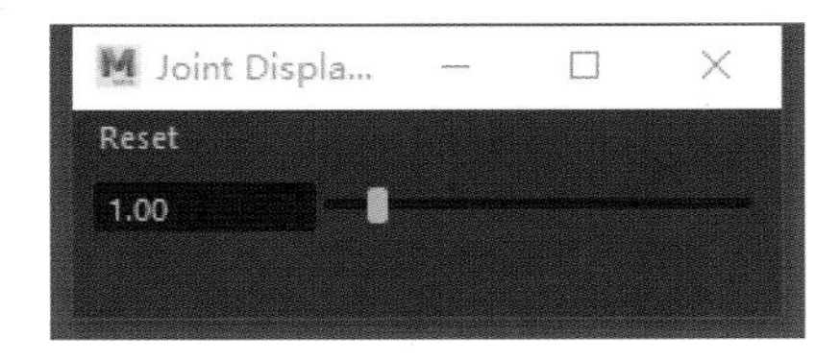

图 2-15

13. 匹配手指骨骼位置

手部骨骼的位置主要结合顶视图和透视图进行调整，如图 2-16 和图 2-17 所示。

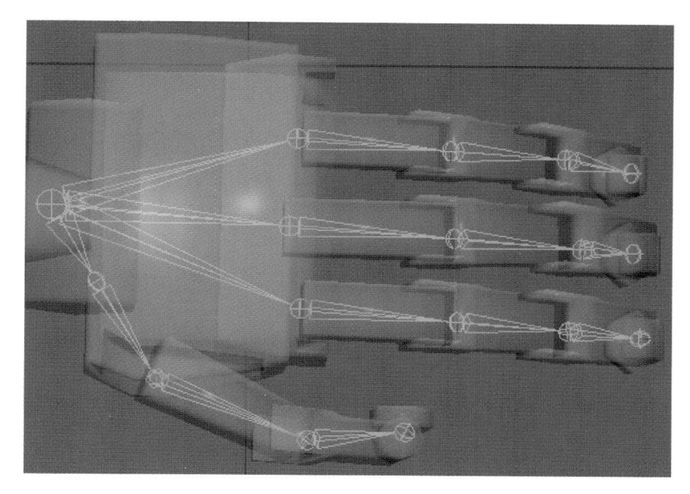

图 2-16

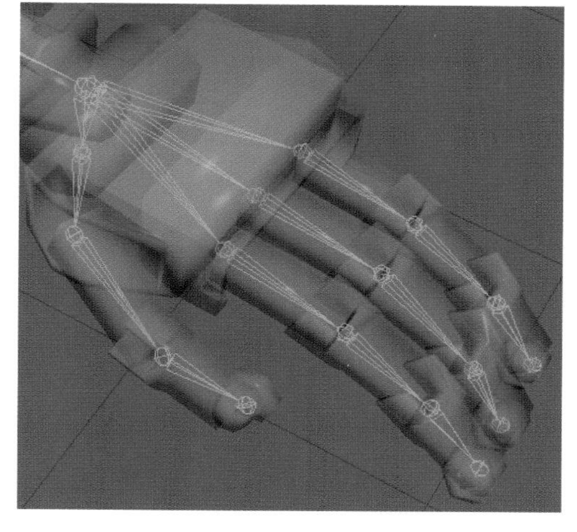

图 2-17

14. 对称复制骨骼

在完成手部关节调整后，点击角色控制面板中 Skeleton（骨骼）板块上的镜像匹配按钮，使角色左侧的骨骼对称复制到右侧，效果如图 2-18 所示。

15. 调整所有关节轴向

在现有状态下，骨骼关节的轴向都比较混乱。因此，我们应选中根关节 Marvin _ Hips，在状态栏中切换到 Rigging（绑定）板块（见图 2-19）。点击菜单栏中的 Skeleton（骨骼）> Orient Joint（确定关节方向）的属性格，勾选 Orient Joint to World（确定关节方向为世界）选项，再勾选 Orient children of selected joints（确定选中关节的子关节方向），如图 2-20 所示，使选中的根关节和其下的子关节都变成世界轴向。完成设置后，我们打开状态栏中元素模式下的问号按钮，可见每一个关节都变成了世界方向，如图 2-21 所示。保存文件为 Marvin _ bones.mb。

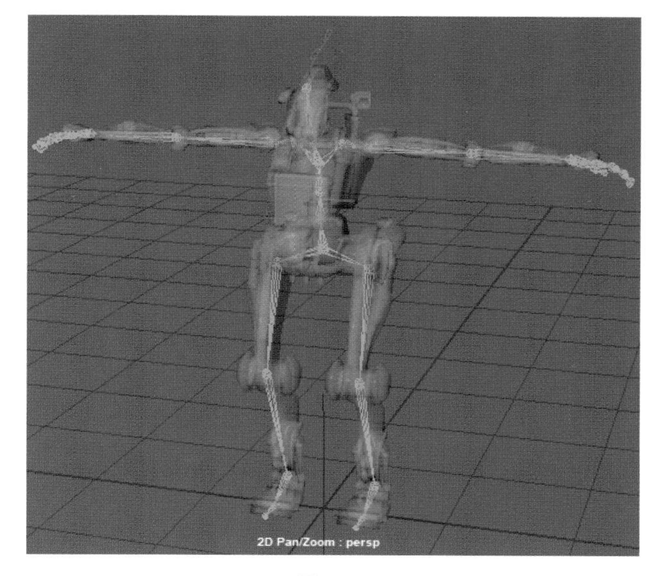

图 2-18

图 2-19

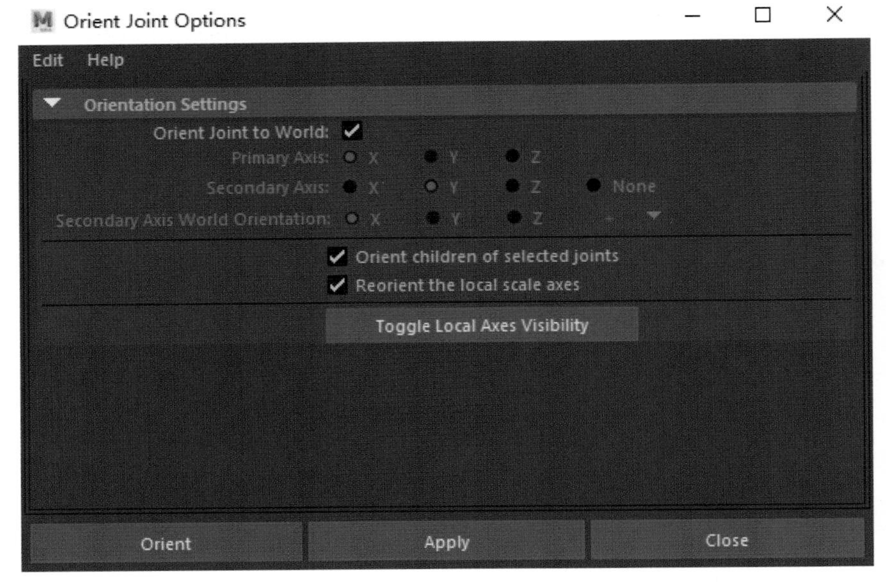

图 2-20

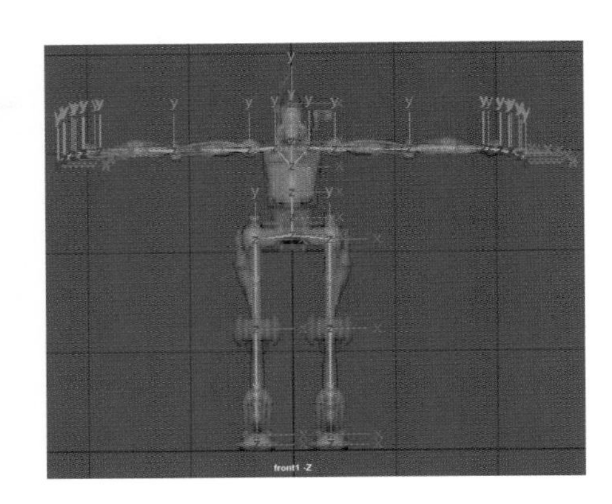

图 2-21

三、设置控制系统

1. 创建角色控制器

在角色控制面板中切换到 Definition（自定义）模块，如图 2-22 所示。接着，点击其上的创建控制器按钮，系统会在现有骨骼的基础上自动生成一套骨骼控制系统，如图 2-23 所示。

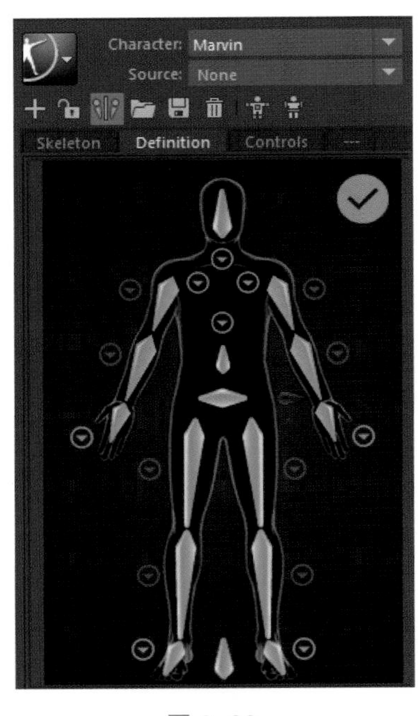

图 2-22

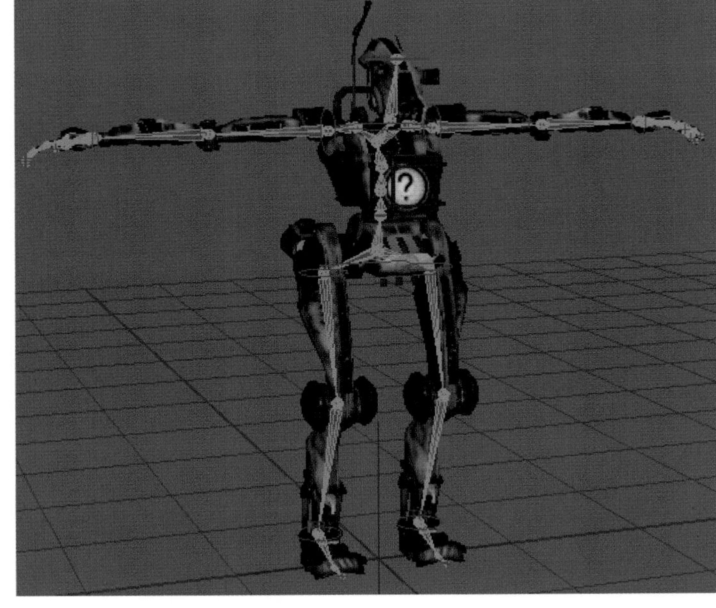

图 2-23

2. 分别显示各种控制系统

该角色的控制系统不仅包括之前创建的整套骨骼，还有 IK 系统和 FK 系统。仅激活角色控制面板中 Controls（控制）板块上的 IK 按钮，IK 控制系统效果如图 2-24 所示。在关闭 IK 按钮后，仅激活 FK

按钮，FK 控制系统效果如图 2–25 所示。最后，仅激活骨骼按钮，骨骼控制系统效果如图 2–26 所示。

图 2–24

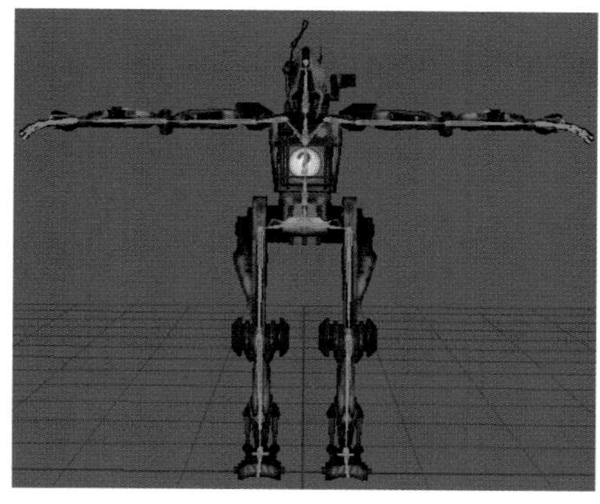

图 2–25

图 2–26

3. 用约束绑定模型和骨骼

由于该角色是机械模型，因此角色在运动过程中，各个部位不会发生形状和大小的改变。最简便的绑定方法是在骨骼和对应的模型间建立父子约束关系。首先，我们在角色控制面板的 Controls（控制）板块中关闭 IK 按钮和 FK 按钮，然后开启骨骼按钮，如图 2–27 所示。接着，我们先选中左侧大腿的骨骼，按住 Shift 键的同时选中左侧大腿的模型，打开状态栏 Rigging 板块下的 Constrain（约束）> Parent（父子）后的属性格，勾选 Maintain offset（保持偏移）选项（见图 2–28），这样就能确保在生成父子约束的同时，骨骼和模型的现有位置不会发生位移。用此方法对剩下部位进行类似的操作，使每根骨骼和对应的模型间建立父子约束关系。操作完成后，把文件保存为 Marvin_bind1.mb。

注意：父子约束的选择顺序非常重要，应先选控制物体（骨骼），再选被控制物体（模型），最后点击父子约束命令。

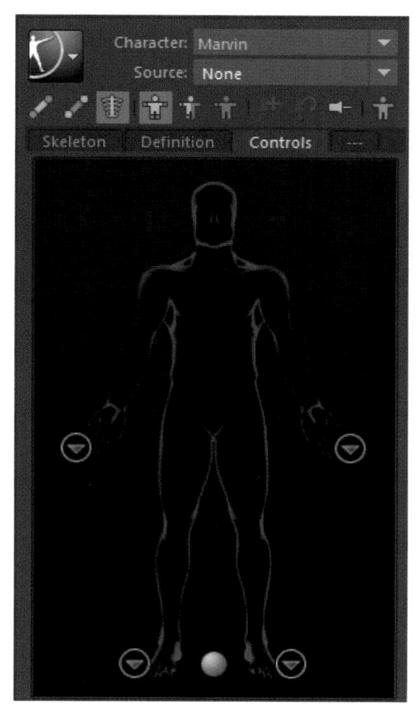

图 2–27

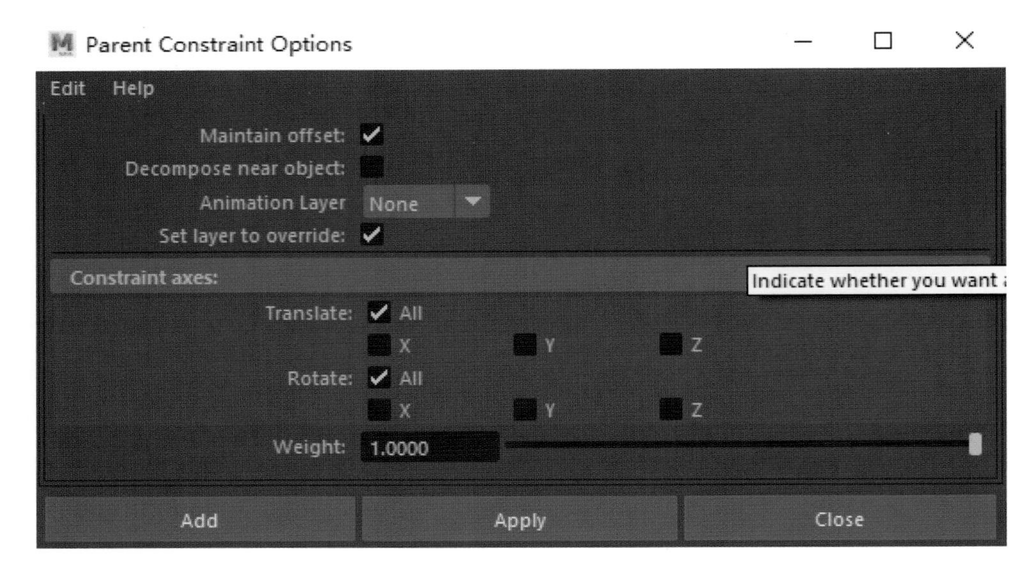

图 2-28

4. 用蒙皮绑定模型和骨骼

上述使用约束进行角色骨骼绑定的方法，需要对每组骨骼和模型进行一对一匹配，过程较烦琐。这里介绍另一种能一次性快速绑定模型的方法，即使用蒙皮进行绑定。打开未经绑定的带骨骼的模型，切换到 Maya 状态栏的 Rigging 板块，先在大纲视图中选择 Marvin 的根关节 Marvin_Hips，按住 Shift 键的同时选择所有模型（不包含身体上如探照灯的道具附件），如图 2-29 所示，点开菜单栏中 Skin（蒙皮）> Bind Skin（绑定蒙皮）命令后的属性格，将 Bind method（绑定方式）设为 Geodesic Voxel（测地线体素），将 Max influences（最大影响）设为 2，即最多只有 2 个关节影响某一模型部位，如图 2-30 所示。设置完成后，点击 Bind Skin（绑定蒙皮）按钮完成绑定。

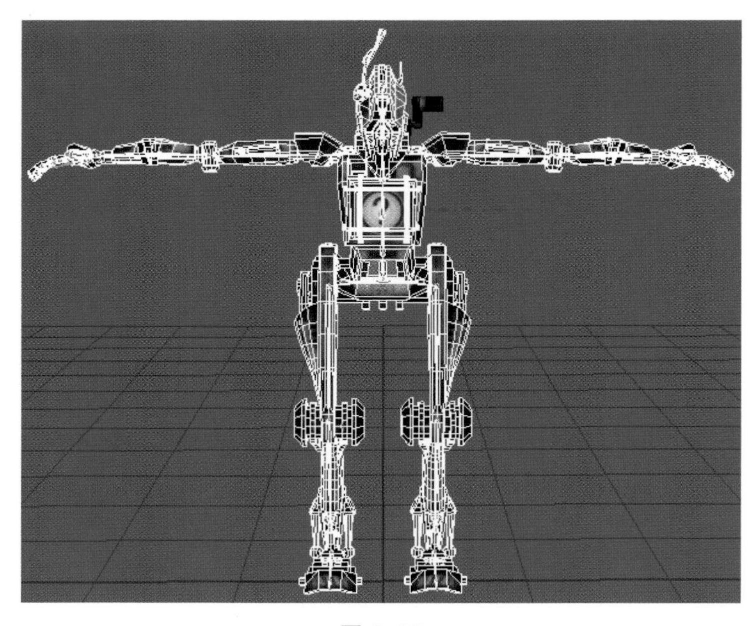

图 2-29

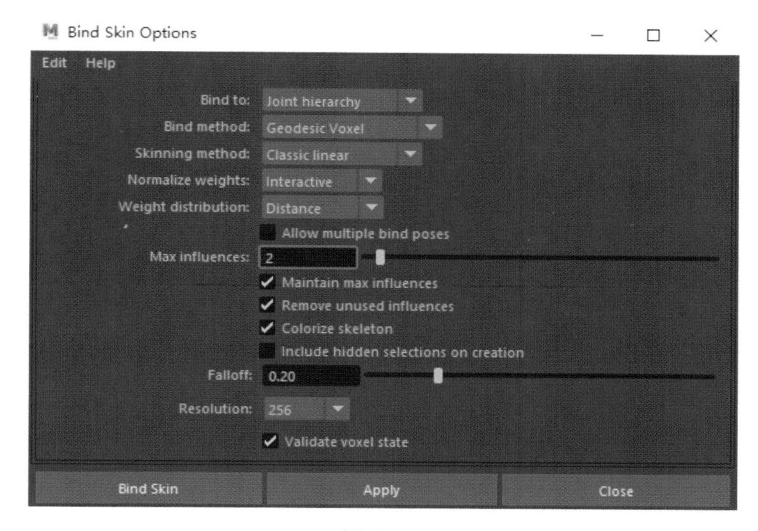

图 2-30

5. 设置骨骼弯曲的蒙皮权重

在成功完成绑定后，此时角色的骨骼已经变成彩色，如图 2-31 所示。此处用左手上手臂进行举例。在角色控制面板中开启 FK 按钮，关闭 IK 按钮和骨骼 按钮，使整套系统处于 FK 模式下。旋转角色左手肩关节，发现肩部的肩盖模型发生了缩小变形，如图 2-32 所示。然后，选中左手上手臂模型，从菜单栏中打开 Skin（蒙皮）> Paint Skin Weights（刷蒙皮权重）命令后的属性格，在其中点击应该完全控制这个模型的 Marvin_LeftArm 骨骼，再点击其下的 Flood（充满）按钮，如图 2-33 所示。这样就使该骨骼对左上臂模型的控制从白色到灰色渐变转变为全白色，如图 2-34 所示。

备注：白色区域代表该骨骼对此区域完全控制，黑色区域代表该骨骼对此区域完全失控，灰色区域的控制则是处于中间力度。

用此方法对角色剩下的头部、躯干、手臂、手指、腿脚等部位的模型进行类似的权重设置操作，接着将所有关节的 Rotate X、Rotate Y 和 Rotate Z 的值在通道栏恢复为 0，使角色再次恢复为 T-pose 的初始状态。保存文件为 Marvin_bind2.mb。

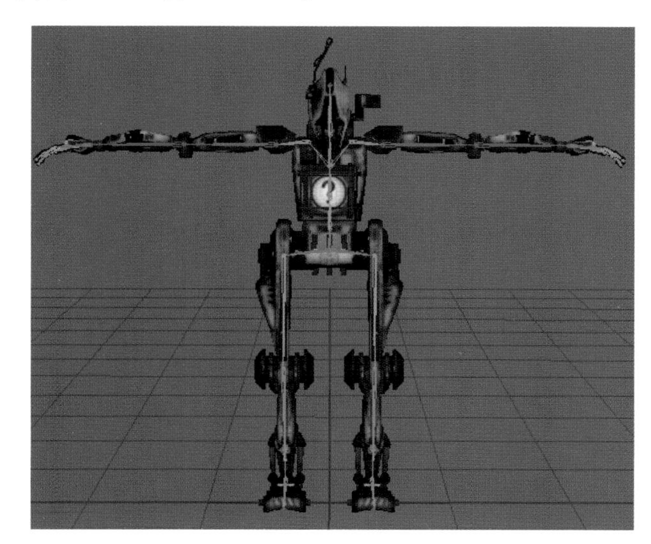

图 2-31

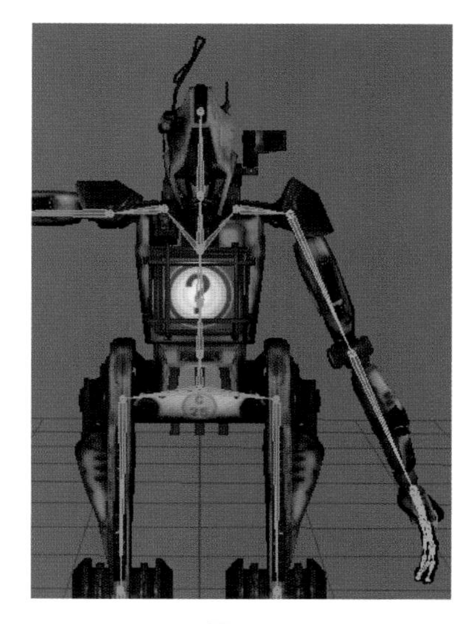

图 2-32

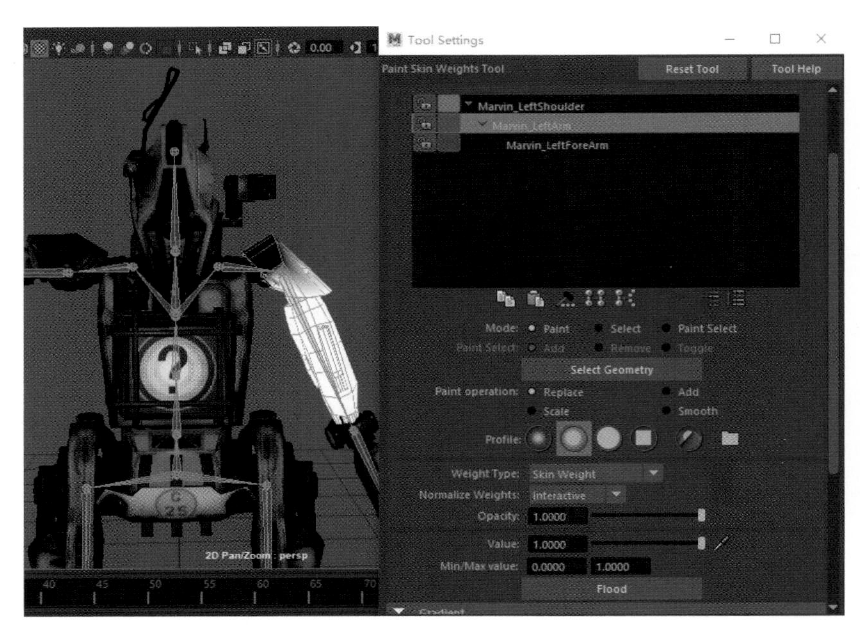

图 2-33

图 2-34

【内容总结】

通过本章的学习，我们了解到了怎样使用 Maya 现有的绑定系统快速创建整套骨骼的方法，这大大提高了作品的制作效率。其中包含了模型的前期准备、中期的骨骼放置技巧、骨骼的对称生成，以及后期骨骼轴向的重置。这是我们保证角色正确运动变形的前提，是需要大家耐心掌握的。

【课后作业】

（1）深入复习课堂上所学到的角色骨骼设置和绑定知识，并能根据不同项目特点进行针对性应用。

（2）使用自己创建的角色模型，结合课堂中的内容，进行角色骨骼的创建和绑定。

SHUZI YINGSHI TEXIAO

第三章

角色动作制作

【学习重点】

认识通过动作数据生成角色动作的方法。

【学习难点】

掌握利用代理角色串联起静态角色和动态数据的方法。

一、动作来源概念

通常情况下，一切生命体和非生命体的动作设计应以物体的运动规律为基础，根据其外在形体、肌肉结构、质量属性等特点来制作。过去我们会使用玩偶模型进行逐帧动画拍摄（见图 3–1），而现在主要是在计算机的三维软件中利用角色骨骼系统设置关键帧后调整运动曲线来完成（见图 3–2），这需要动画师掌握动画原理，并对角色的个性化动作进行细致观察，然后模仿造型、控制节奏并调整中间的过渡变形，这是一项较为复杂和艰巨的任务。我们也可通过动作捕捉器采集角色运动数据（见图 3–3）或利用网上现有的动作文件进行合成，这种方法相对来说更节约时间，缺点是动作较为普遍，不能满足特定项目的制作要求。

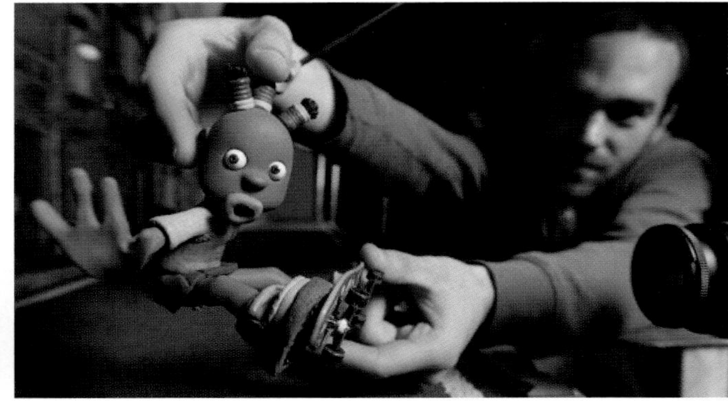

图 3–1

图 3–2

图 3–3

二、导入动作数据

1. 相关角色动作网站

打开网站 Mixamo（网址：https://www.mixamo.com），它是 Adobe 旗下的一款产品，提供了各类可实时预览的角色动作文件。我们在使用 Adobe 账号登录后，可以免费下载带有模型的动作文件；也可以下载仅具备骨骼的动作文件；还可以上传静态角色模型到该网站，由它帮助我们合成角色模型和动作数据后再下载。

点击网站上的 Characters（角色）按钮，即可看到线上的模型列表（见图 3–4）。点击 Animations（动画）

按钮，即可看到动画列表（见图 3–5）。

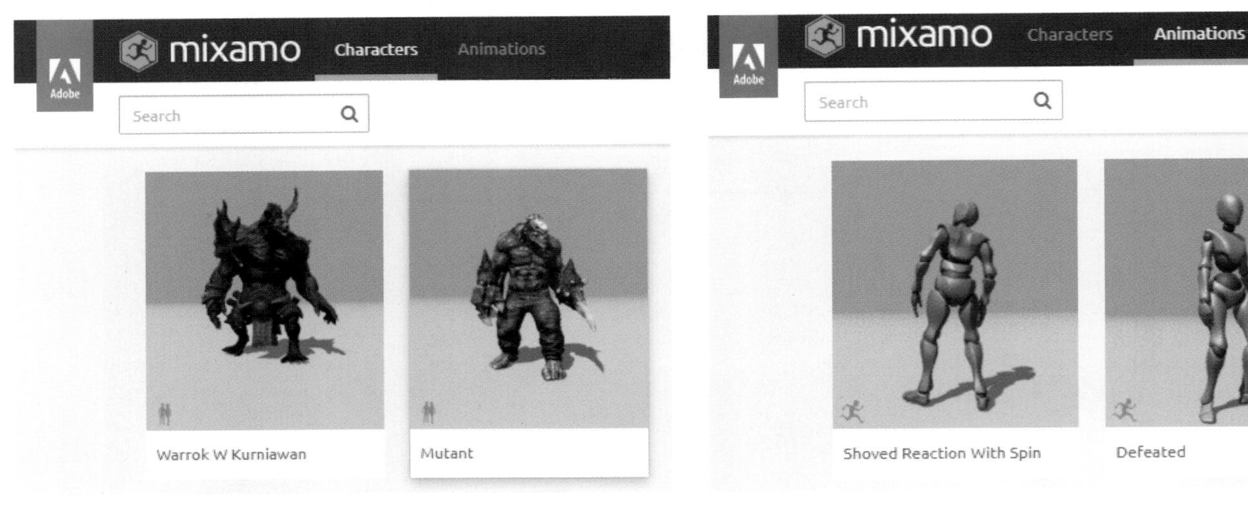

图 3–4　　　　图 3–5

2. 预览角色动作数据

在网页 Animations 页面左上角的方框中输入 roll（翻滚），网站会搜索各类与翻滚有关的动作。选中 Stand to Roll（站立到翻滚）这个动画文件，它会出现在网站右侧的方框中。我们可利用预览窗口左下角提供的启动骨骼视角、旋转、位移、缩放、重置摄像机、切换跟随摄像机等工具预览动作效果，如图 3–6 所示。

图 3–6

3. 下载角色动作数据

如果我们对这个动作较为满意，在登录网页后，点击网页右侧的下载 DOWNLOAD 按钮，在弹窗中设置 Format（格式）为 FBX（.fbx），Skin（蒙皮）为 Without Skin（没有蒙皮），Frames per Second（帧率）为 30， Keyframe Reduction（减少 K 帧）为 none（无），如图 3–7 所示。

DOWNLOAD SETTINGS

Format

FBX(.fbx)

Skin

Without Skin

Frames per Second

30

Keyframe Reduction

none

CANCEL

DOWNLOAD

图 3–7

4. 开启 Maya 中的 FBX 插件

点击 Maya 软件中的 Windows（窗口）> Settings/Preferences（设置 / 个性化设置）> Plug–in Manager（插件管理器）命令，勾选 fbxmaya.mll 后的两个选项，如图 3–8 所示，即可在软件开启后 Loaded（载入）并 Auto load（自动载入）FBX 格式文件。这样我们才能在 Maya 中顺利导入 FBX 文件。

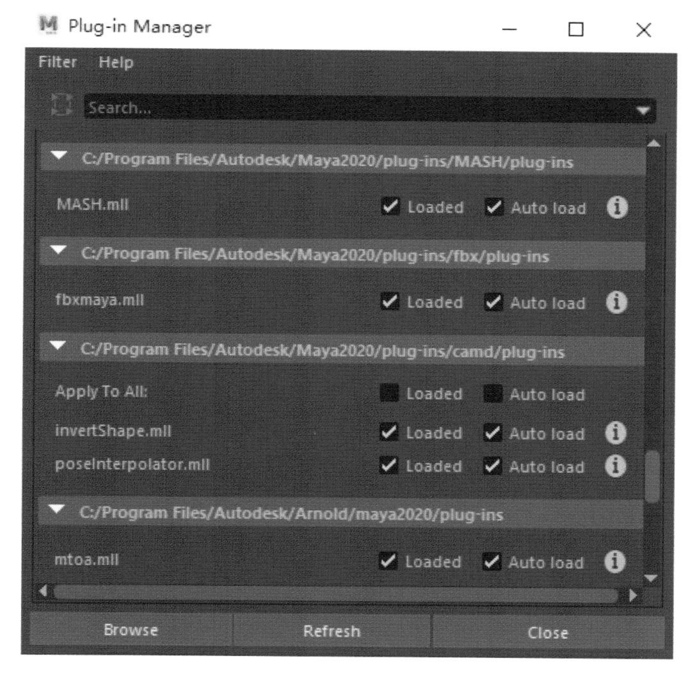

图 3–8

5. 导入 FBX 动作文件

在 Maya 软件中打开之前绑定好骨骼的 Marvin_bind2.mb 模型文件，然后点击菜单栏的 File（文件）> Import（导入）命令，导入刚才从 Mixamo 网站内下载的 Stand to Roll.fbx（站立到翻滚）动作文件，如图 3–9 所示。

6. 设置动画播放帧率

点击 Maya 菜单栏中的 Windows（窗口）> Settings/Preferences（设置 / 个性化设置）> Preferences（个性化设置）命令，在弹窗中选中 Time Slider（时间条），把 Playback（回放）下的 Playback speed（回放速度）

设为 Other（其他），再在 Other speed（其他速度）中输入 30，即一秒钟播放 30 帧，点击 Save（保存）按钮保存设置，如图 3-10 所示。这样就能使即将制作的 Maya 角色动画和从网站下载的 FBX 动作文件帧率保持一致。

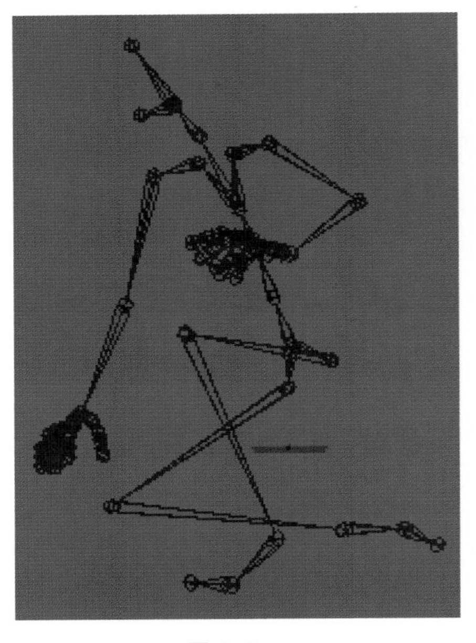

图 3-9

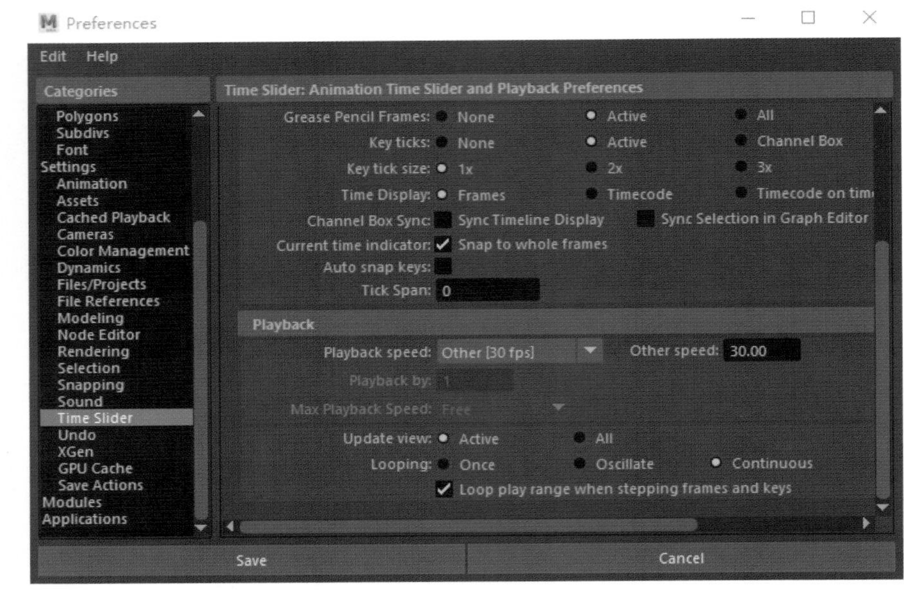

图 3-10

三、生成代理角色

1. 创建模型角色定义

目前，导入的 FBX 动作文件和静止的角色绑定文件还处于相互脱离的状态。因此，我们首先需要对导入的 FBX 动作文件进行自定义，使系统识别到这套骨骼系统。在 Maya 软件右侧角色控制面板的 Character 后选择 None（无），点击 Create Character Definition（创建角色定义），如图 3-11 所示。这时角色控制面板会切换到 Definition（自定义）板块，如图 3-12 所示。

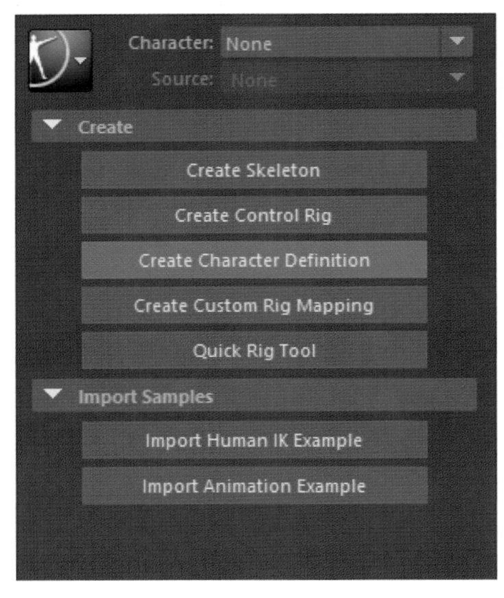

图 3-11

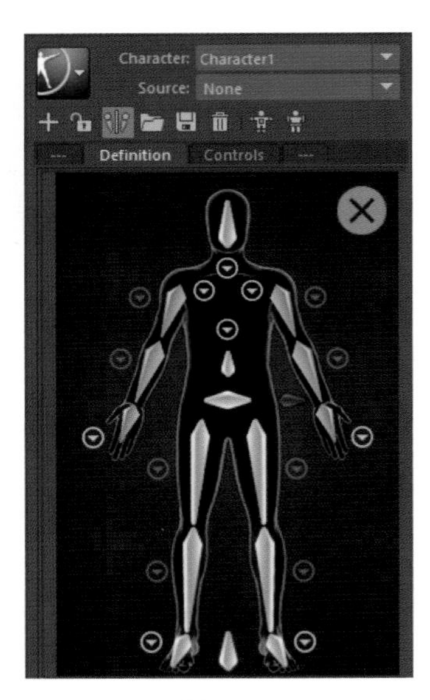

图 3-12

2. 导入骨骼系统初始化

在进行正式匹配前，我们应该把导入的 FBX 角色骨骼和现有的 Marvin 骨骼进行 T-pose 对位。点击菜单栏的 Windows（窗口）> Outliner（大纲视图）命令，打开大纲视图，如图 3-13 所示。按住 Shift 键，同时点击 mixamorig:Hips 前的⊞按钮，一次性展开导入角色下的所有层级骨骼。然后选中 mixamorig 下的所有关节，去往时间条的第 0 帧，在通道栏中把 Rotate X、Rotate Y 和 Rotate Z 设为 0（见图 3-14），使导入的骨骼在此时成为 T-pose 的初始状态（见图 3-15）。接着，同时选中通道栏中的 Rotate X、Rotate Y、Rotate Z 选项，鼠标右击，在弹窗中选择 Key Selected（选中 K 帧），为其打上一个关键帧。

备注：一次性选中层级结构中的所有子关节，除了上述利用大纲视图来选择层级结构关节的方法外，我们还可以直接选中某一个带有子关节的顶部关节，右击鼠标，在弹窗中选择 Select Hierarchy（选择层级结构）命令，这样也能同时选中这个顶部关节和其下所有的树状子关节。

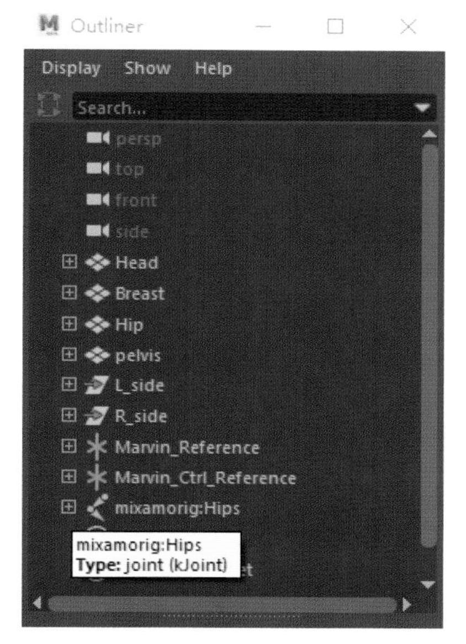

图 3-13

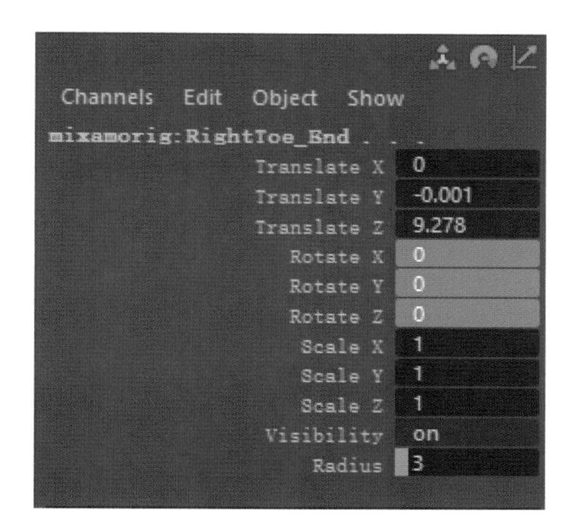

图 3-14

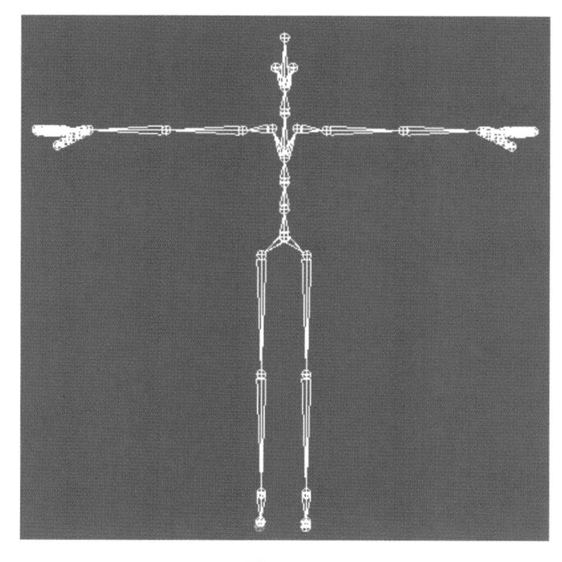

图 3-15

3. 匹配两套骨骼方法

点击 Maya 软件状态栏上的按钮，切换到角色控制面板。在它的 Definition（自定义）板块下，用鼠标双击角色控制面板中头部的骨骼，此时骨骼变成淡蓝色，如图 3–16 所示。然后单击导入动作角色的头部关节，如图 3–17 所示。这样在两边骨骼确认配对后，角色控制面板中的头部骨骼自动变成绿色，说明匹配正常，如图 3–18 所示。

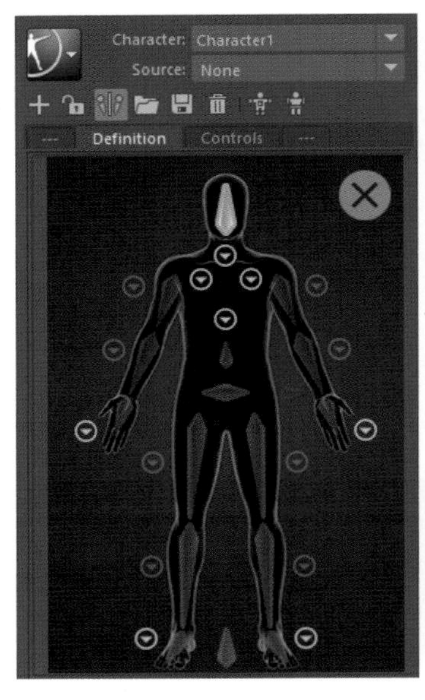

图 3–16

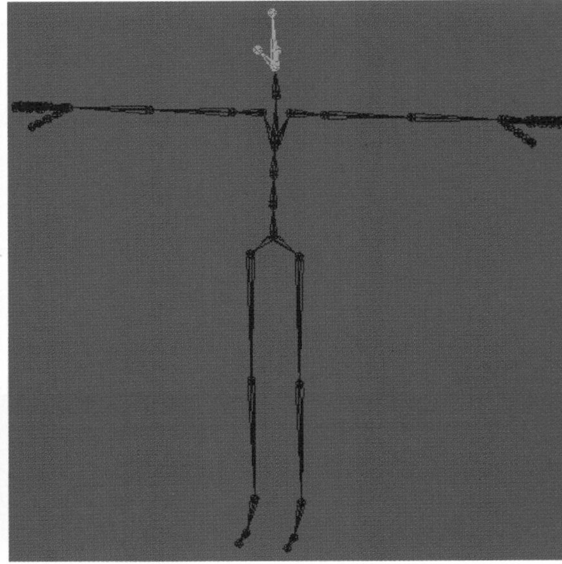
图 3–17

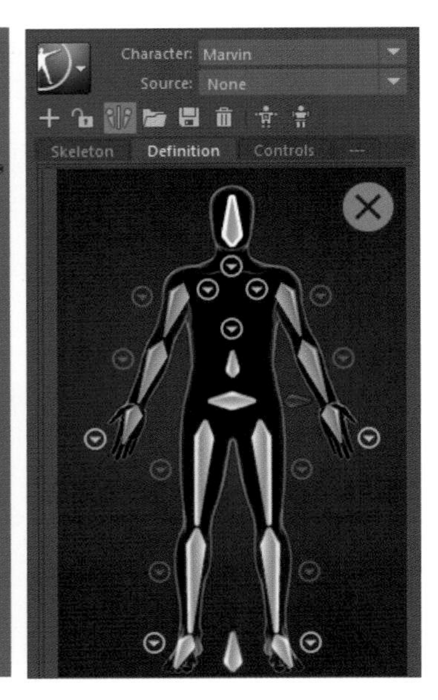

图 3–18

4. 匹配上半身骨骼系统

用上述方法对剩下的关节进行匹配操作。脖子的匹配如图 3–19 所示；胸部的匹配如图 3–20 和图 3–21 所示；锁骨的匹配如图 3–22 所示。注意，由于手指骨骼相对较多，且 X、Y、Z 旋转轴变化更为烦琐，出错概率很大，所以建议在完成手腕关节匹配后，不进行手指关节的匹配。之后根据项目需要，自己手动制作手指的关键帧动画。

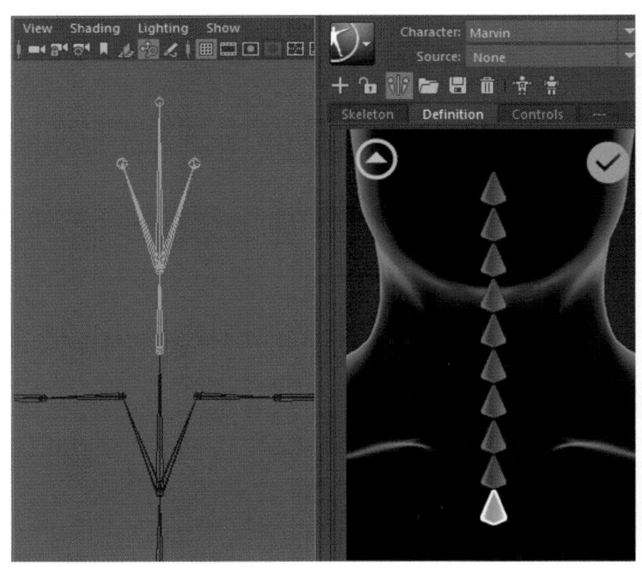

图 3–19

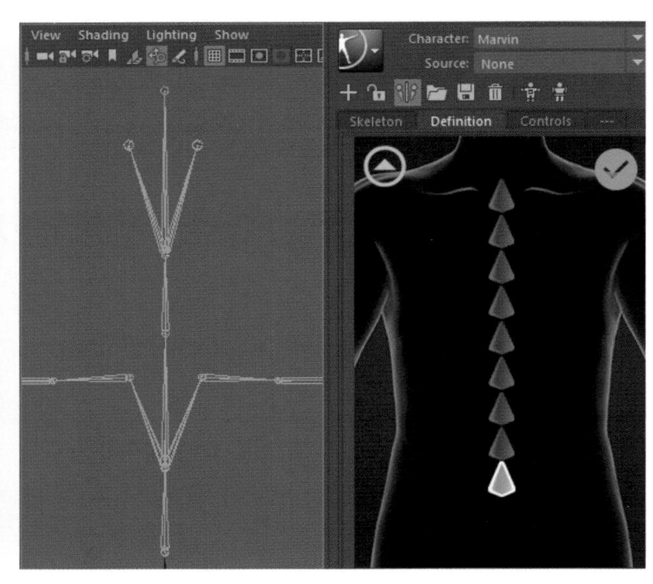

图 3–20

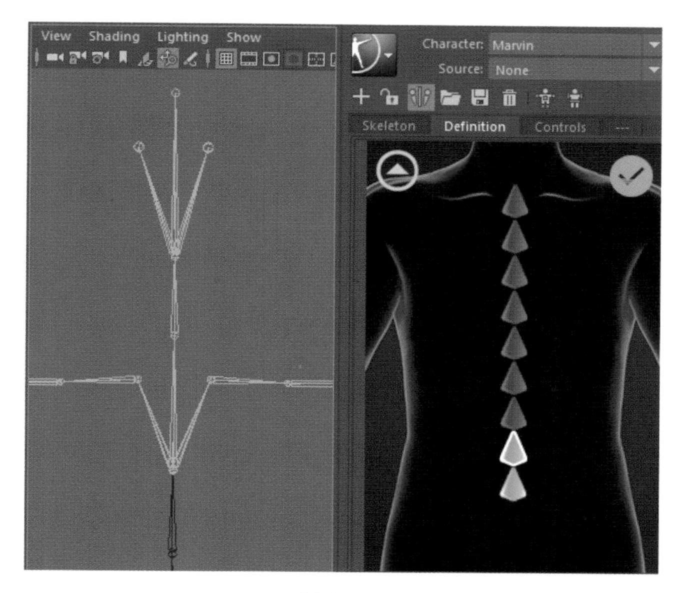

图 3-21

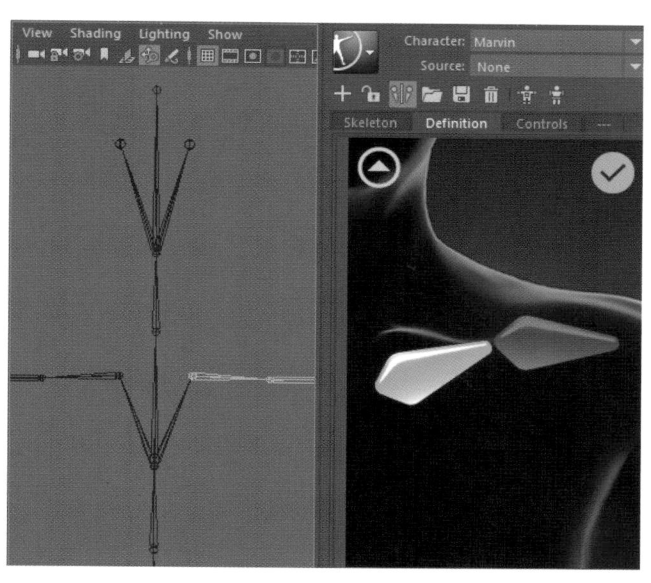

图 3-22

5. 匹配下半身骨骼系统

针对脚关节较为细致的匹配，可以点击脚部旁的按钮，进入脚的放大视口中进行，如图 3-23 和图 3-24 所示。完成匹配后，点击该视口中的按钮，回撤到整体角色面板。

对于左右对称的部位，如手臂、手、腿、脚等，只需要进行单侧匹配，系统会自动识别到另一侧并进行匹配。当角色控制面板中的骨骼显示为绿色时，表明匹配正常；骨骼显示为黄色，表明匹配略有问题；骨骼显示为灰色，表明没有匹配。完成后的效果如图 3-25 所示。

备注：具体问题可以将鼠标放在视口右上角的 Validation Status（生效状态）、、上进行查看。

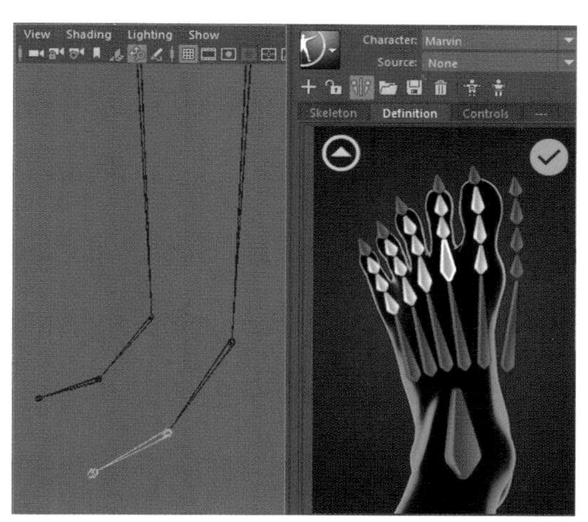

图 3-23

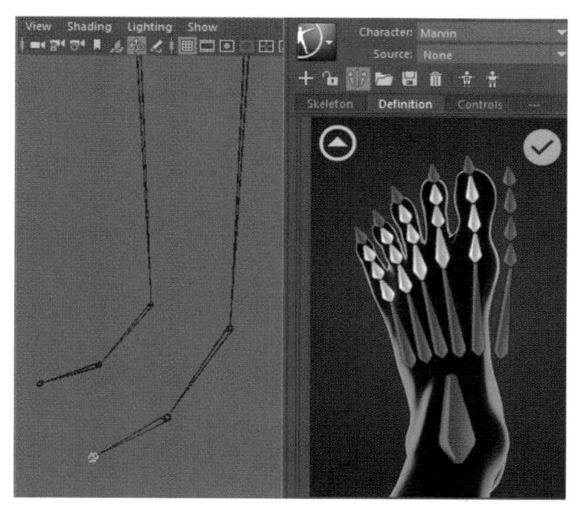

图 3-24

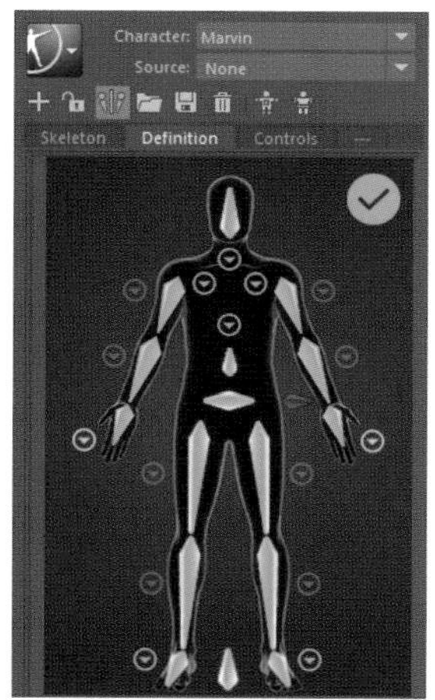

图 3-25

四、替换角色动作

在角色控制面板中，把 Character（角色）选项设为 Marvin，把 Source（源）选项设为 Character1，如图 3-26 所示。这样，现有角色 Marvin 就会调用 Character1 的运动方式，而 Character1 的运动方式已经和导入的 FBX 动作文件进行了匹配，因而能将导入的动作通过 Character1 正确传导到 Marvin 身上。此时我们播放动画，可以预览到 Marvin 机器人的翻滚直立动画，如图 3-27 所示。保存文件，取名为 Marvin_anim.mb。

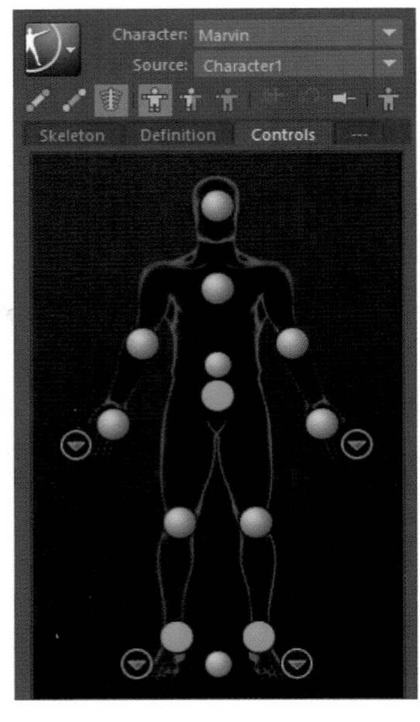

图 3-26

图 3-27

【内容总结】

本章主要介绍了如何利用 Maya 中的代理角色，将从网络中获取的三维角色动作数据串联到现有的静态角色文件中，生成静态角色模型的运动效果。这当中有许多设置小技巧，如层级关系的选择、T-pose 初始状态的匹配、动作源的传递等，这些都是我们在操作过程中容易忽视的地方，应该多加练习。

【课后作业】

（1）复习巩固课堂中关于角色骨骼代理的设置方式和技巧。

（2）利用上节课的绑定角色，从 Mixamo 网站内下载一个动作文件，进行现有角色的动作整合，生成一段角色动画。

第四章

虚拟摄像机反求

【学习重点】

学习如何通过 Boujou 软件从二维画面中反求得到三维空间的虚拟摄像机。

【学习难点】

掌握 Boujou 软件中各种设置的功能和针对特定场景的特定应用模式。

一、Boujou 软件介绍

在影视特效领域，Boujou（见图 4-1）作为摄像机跟踪软件，提供了一套标准的摄像机路径跟踪的解决方案，曾经获得艾美奖的殊荣。Boujou 首创最先进的自动化追踪功能，并被广泛地运用于电影、电视节目、商业广告、法庭案情重建、工业科学及建筑模拟中。

图 4-1

全新 Boujou 提供更完整的功能，不仅将场景分析与追踪能力提升数倍，而且在操作上更加快速、精准，提供多种模式的追踪功能。与其他同等级的摄影追踪软件不一样的地方是，Boujou 是以自动追踪功能为基础的独特的追踪引擎，可以依照个人需要对追踪的重点进行编辑设计，通过简单易用的辅助工具，利用任何种类的素材，快速且自动化地完成项目。

Boujou 自动化追踪带来高效率的解决方案，在精密的分析控制及先进的软件工具之下，足以应付各种复杂的挑战。

二、生成背景序列帧

1. 导入视频文件

有时候为了满足制作需求，我们要从视频素材中提取一小段作为参考背景，这时候就可以通过将一段特定视频转化为序列帧的方式来实现。打开 After Effects 软件，点击 File（文件）> Import（导入）> File（文件）命令，导入 BG.mp4 视频文件（该命令的快捷键是 Ctrl+I）。

注意：如果软件出现提示，显示格式不支持或者文件坏损，建议用“格式工厂”软件转换一下。

2. 创建新的合成

在 AE 的项目面板中，用鼠标右键点击 BG.mp4 文件，在弹出的菜单中选择 New Comp from Selection（通过选中创建新的合成），如图 4-2 所示。这时软件的监视区域就会出现该视频的预览，如图 4-3 所示。

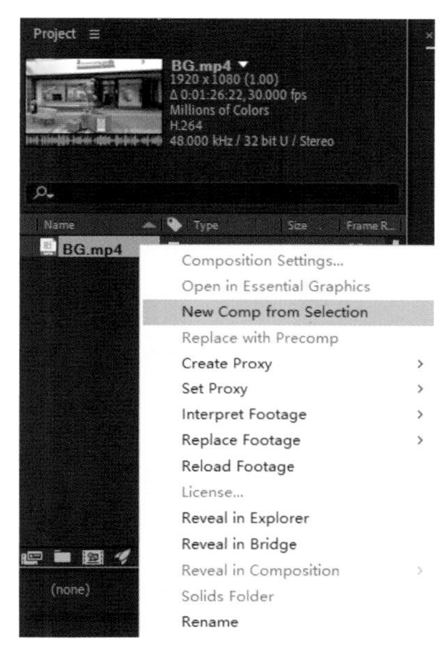

图 4-2

图 4-3

3. 设置时间区域

在时间线板块中，拖动蓝色的指针线到特定视频的起始端，然后把时间条缩短到该位置，同时将上面的工作区域条也缩短到此位置。接着，再把指针线移动到特定视频的终结位置，用同样的方法缩短时间条和工作区域条到该位置，效果如图 4-4 所示。我们来回拖拉时间条下方的预览按钮，可以缩小或放大视频的时间长度显示，以更准确地编辑视频的切割点。

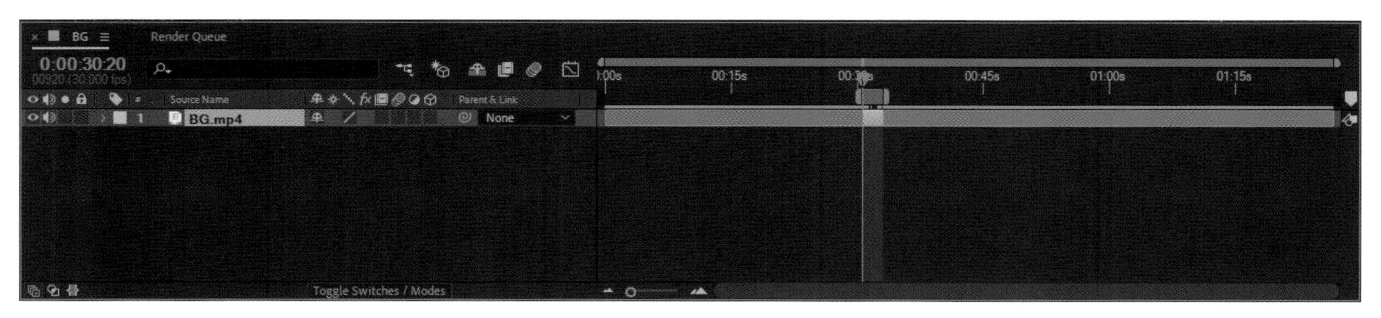

图 4-4

4. 序列帧输出设置

按快捷键 Ctrl+M，或者点击 File（文件）> Export（导出）> Add to Render Queue（添加到渲染队列）命令，使文件进入输出环节。用鼠标双击时间条上的 Output Module（输出模块），把 Format（格式）更改为 JPEG Sequence（JPEG 序列帧），如图 4-5 所示。另外，点击 Output to（输出到），设置文件的存放位置，如图 4-6 所示。最后，单击时间条上的 Render（渲染）按钮，启动序列帧的渲染。这样我们就能在导出的文件夹中见到批量的静帧图片了，如图 4-7 所示。

注意：通常情况下，我们在选择输出格式的时候，会根据软件特点和项目要求，选择不同的序列帧格式。常见的包括 PNG、TGA、JPEG、IFF 和 TIFF 格式。其中，JPEG 格式不带 Alpha 通道。

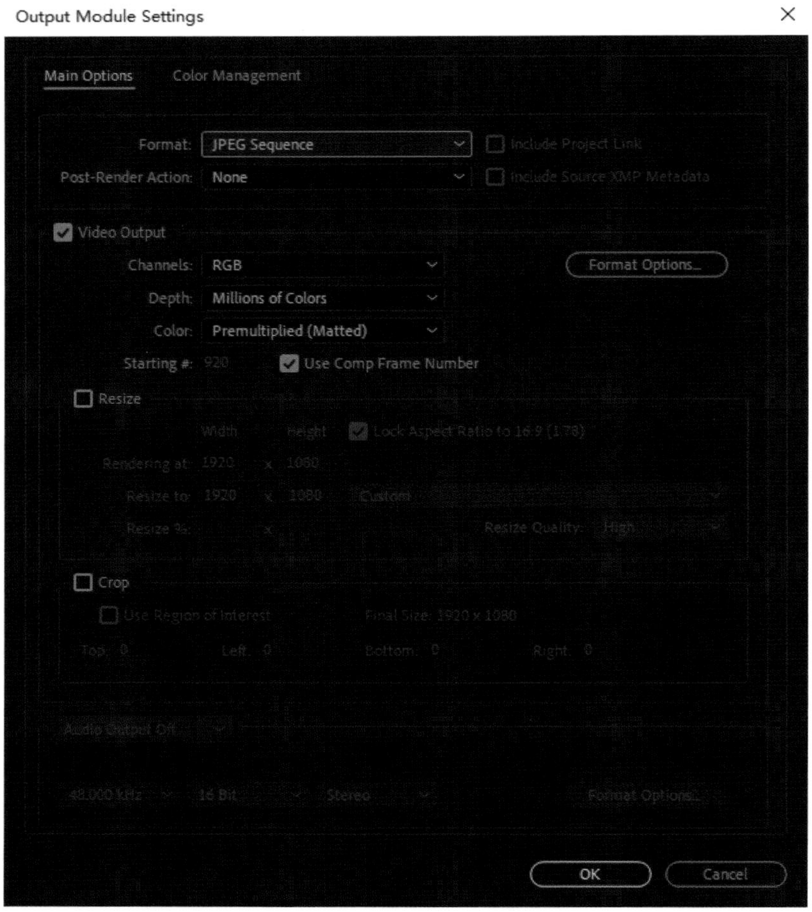

图 4-5

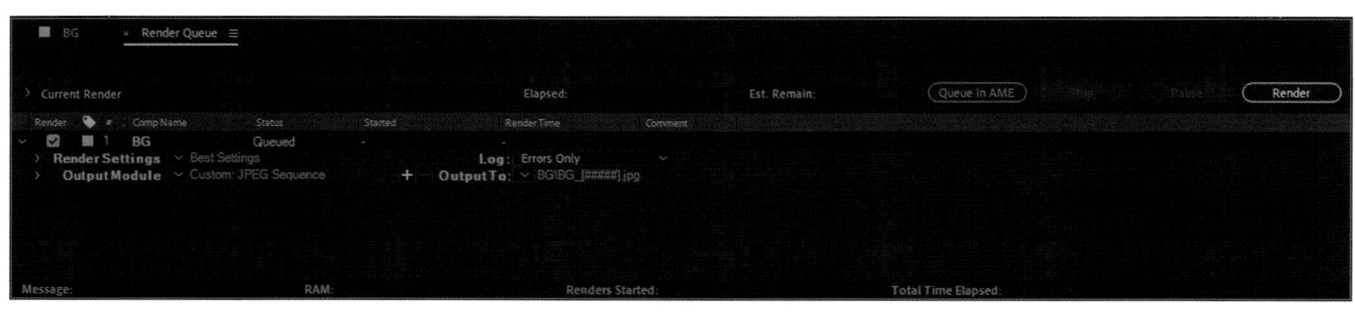

图 4-6

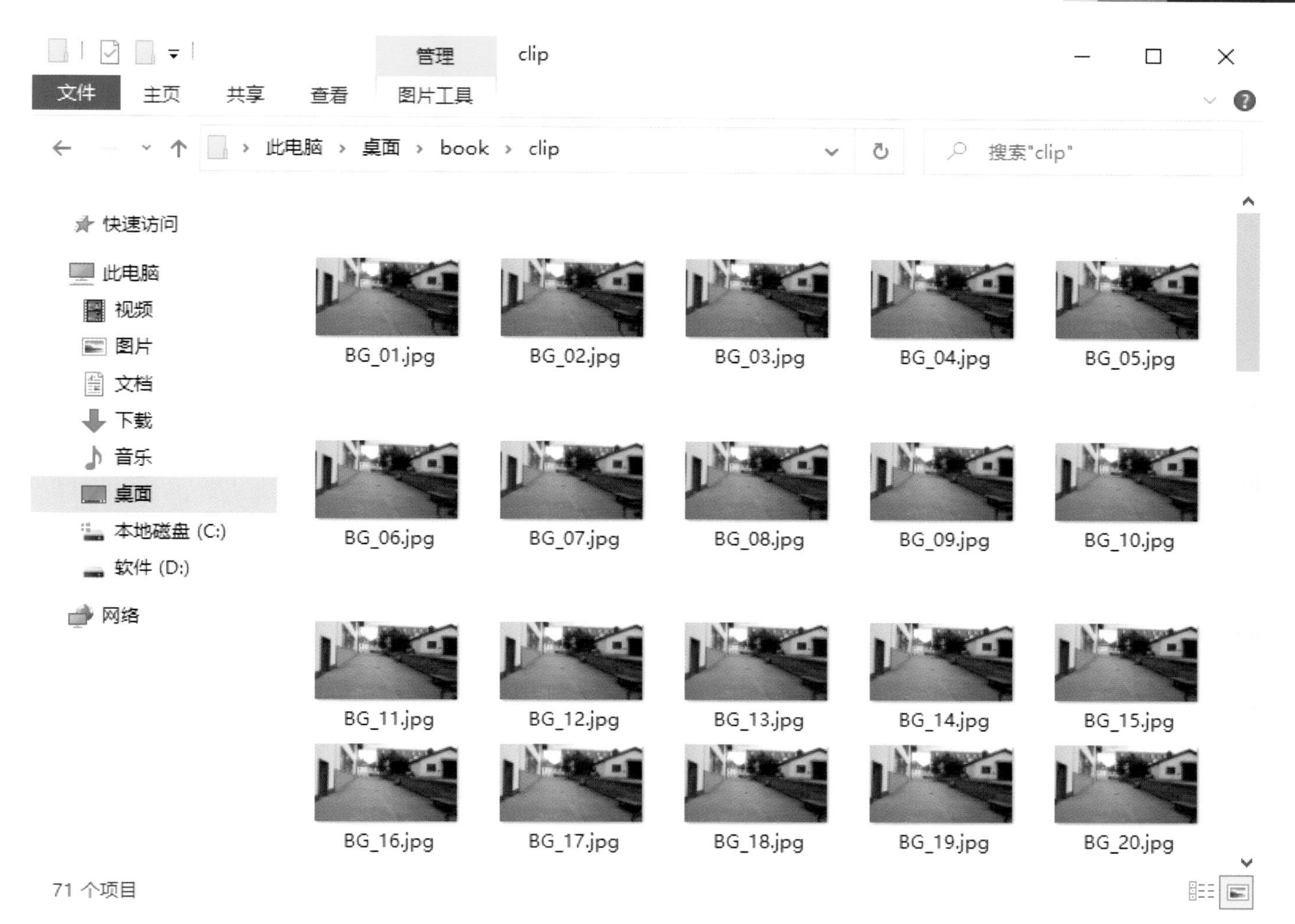

图 4–7

三、反求虚拟摄像机

1. 导入背景素材

打开 Boujou 软件，点击界面左上角工具箱中的 Import Sequence（导入序列帧）按钮，或者点击 Setup（设置）> Import Sequence（导入序列帧）命令，还可以直接按快捷键 Ctrl+I。在弹窗的 Look in（寻找）中输入背景视频序列帧的储存路径后按回车键，选中第一张序列帧 BG_01.jpg，如图 4–8 所示。接着点击 Open（打开）按钮，将路径中的所有图片传递到序列帧导入设置面板中。

2. 更改导入设置

设置界面中的 Move Type（移动方式）分为 Free Move（自由移动）和 Nodal Pan（节点平面）两种。Free Move 主要针对手持摄像机所发生的推、拉、摇、移等运动，而 Nodal Pan 是应用于固定在三脚架上的摄像机，摄像机的运动仅仅局限于旋转，且没有距离上的改变。此处选择 Free Move。另外，更改 Frame rate（帧率）为 30，如图 4–9 所示。最后点击 OK 按钮，使素材正式进入 Boujou 软件中。

注意：Boujou 软件不支持路径上出现中文，因此我们在设置路径时要将文件素材存放到以纯拼音或纯英文来命名的文件夹目录下，以避免导入素材失败的情况发生。

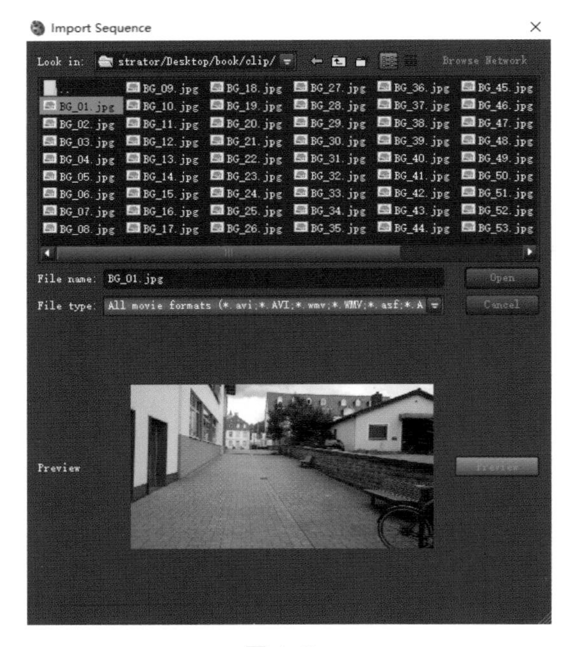

图 4-8

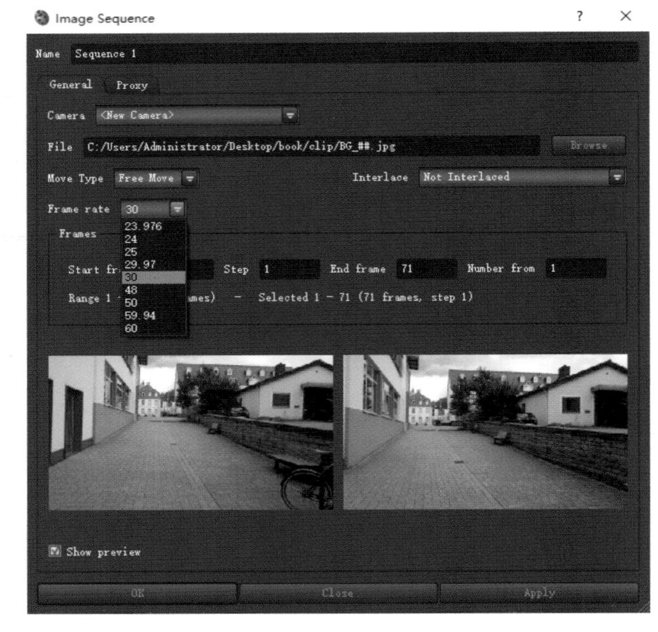

图 4-9

3. 特征定位点追踪

点击界面左上角的 Track Features（追踪特征）按钮，或者点击菜单栏上的 2D Tasks（二维任务）> Track Features（追踪特征）命令，还可以直接按快捷键 F9。在弹窗中选择 All frames（所有帧），如图 4-10 所示。点击 Advanced（高级）按钮，展开高级设置面板。Adaptive search window（自适应搜索窗口）下的 Min search distance（最小搜索距离）和 Max search distance（最大搜索距离）是根据画面的精细程度进行调整的。精细度越高，则最小搜索距离越小、最大搜索距离越大。Sensitivity（敏感度）也是根据画面精细度进行改变的。画面精细度高，敏感度则可以相应提高，画面产生更多的追踪定位点。这里我们把敏感度调到最大。Feature Scale（特征缩放）下有 Normal（正常）和 Large（大）两个选项。Normal 是在场景的纵深变化不大的情况下使用的选项；Large 的追踪点相对于 Normal 会较少，追踪点更大，它不会因为太小的追踪点而产生细节上的抖动。此处选择 Large。Fast Tracking（快速追踪）主要是在测试环节用来快速判断追踪效果是否合适。在多次测试并最终确认追踪效果合适后，取消勾选 Fast Tracking，单击 Start（开始）按钮，进行摄像机定位点最后的特征追踪。追踪效果如图 4-11 所示，黄色线条代表着摄像机的运动方向。

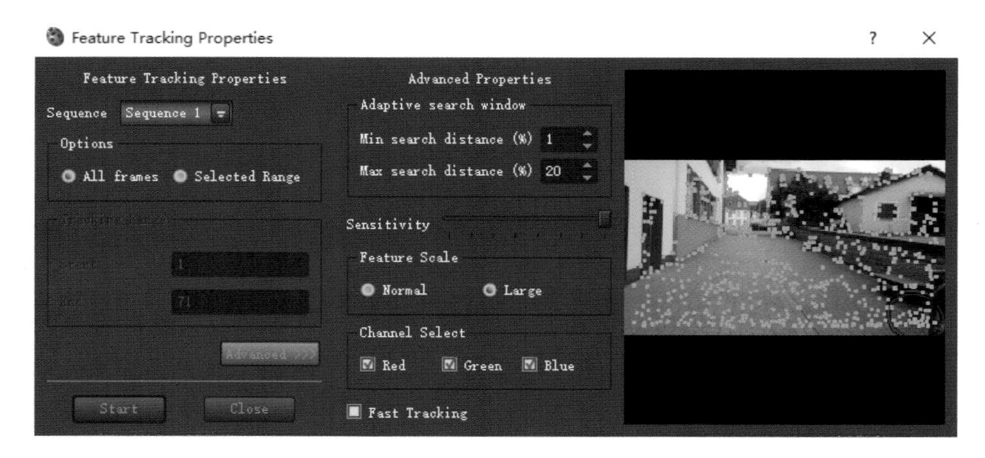

图 4-10

图 4-11

4. 摄像机路径平滑

点击界面左上角的 Camera Solve（摄像机解算）按钮，或者点击菜单栏的 3D Tasks（3D 任务）> Camera Solve（摄像机解算）命令，还可以直接按快捷键 F10。接着，在弹窗中勾选 Optimize camera path smoothness（优化摄像机路径平滑度）选项，它能有效解决连续追踪点抖动的问题，如图 4-12 所示。单击 Start（开始）按钮，开始解算，视频上会生成一系列黄色和蓝色的点，如图 4-13 所示。这些点是在二维追踪下可让三维摄像机定位的特征点。黄色的点代表当前帧上能被找到的定位点，而蓝色的点表示在空间变化中无法识别到的点。

在界面右侧的 Overlays（叠加）板块中，可以通过勾选启动所有（All）蓝色点和黄色点的显示，或者激活（Live）仅黄色点的显示，如图 4-14 所示。

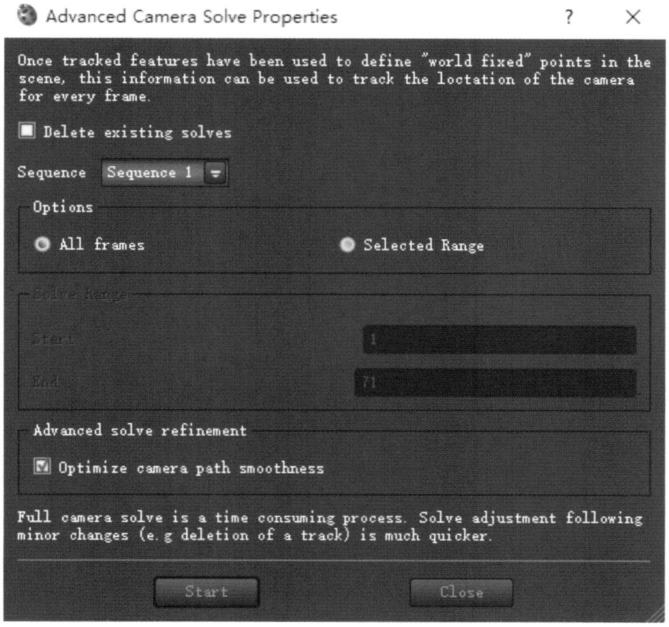

图 4-12

图 4-13

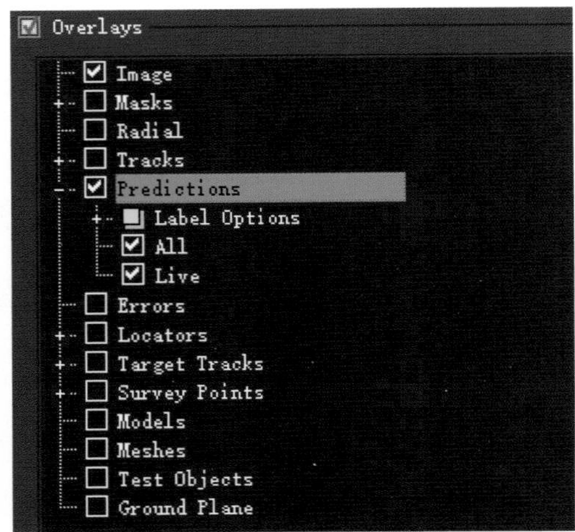

图 4-14

5. 预览三维定位点

点击状态栏的 3D 按钮，把二维序列帧视口切换到三维空间视口中。按住 Shift+ 鼠标左键可旋转视图，使用 Shift+ 鼠标右键可缩放视图。效果如图 4-15 所示。按状态栏的 2D 按钮，又能切换回序列帧视口。

6. 导出虚拟摄像机

点击界面左上角的 Export Camera Solve（导出解算摄像机）按钮，或者点击菜单栏的 Export（导出）> Export Camera Solve（导出解算摄像机）命令，还可以直接按快捷键 F12。在弹窗中单击 Browse（浏览）按钮，设置储存摄像机的路径位置。把 Export Type（输出类型）设为 After Effects（Maya）（*.ma）。Move Type（移动类型）分为 Moving Camera,Static Scene（运动的摄像机，静止的场景），Panning Camera,Translating Scene（平移的摄像机，位移的场景）和 Static Camera,Moving Scene（静止的摄像机，运动的场景）三种。此处选择 Moving Camera,Static Scene，因为拍摄视频的摄像机处于运动状态，而场景保持不变，如图 4-16 所示。点击 Save（保存）按钮，保存刚解算好的摄像机。

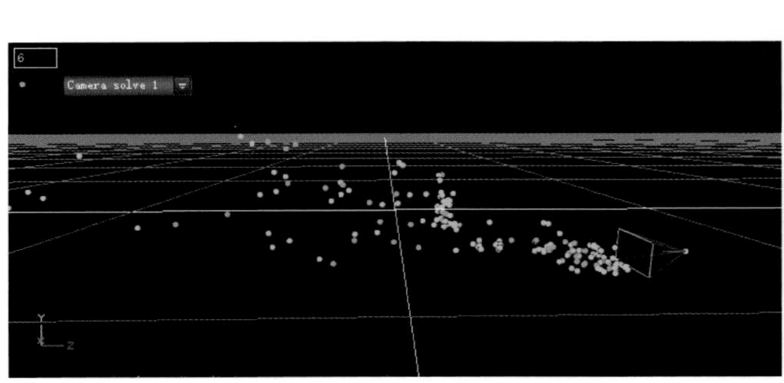
图 4-15

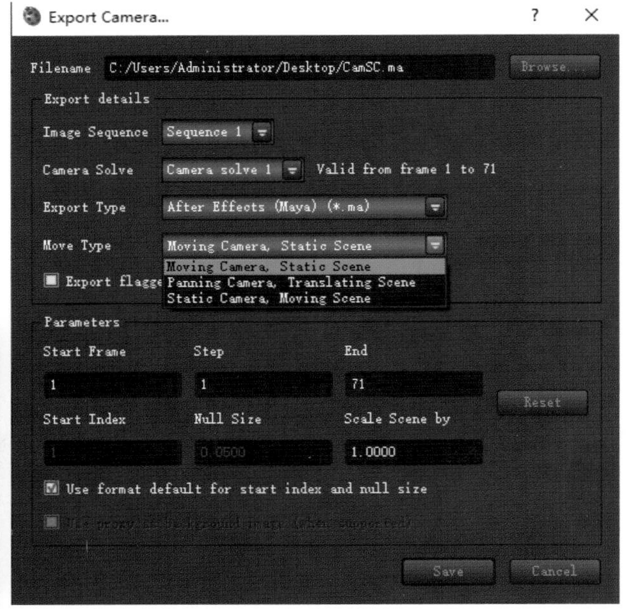

图 4-16

四、Maya 中的摄像机

1. 导入摄像机

打开 Maya 软件，从中打开刚才保存的虚拟摄像机文件。然后选中从 Boujou 中反求出的虚拟摄像机 Camera_1_1，点击视口栏命令中的 Panels（面板）> Look Through Selected（通过选中物体来观察）命令，使现有的预览视角切换为新创建的摄像机视角，同时勾选视口命令栏中 View（查看）> Camera Settings（摄像机设置）> Resolution Gate（分辨率门）、Safe Action（安全动作）、Safe Title（安全标题），如图 4-17 所示，这样能更好地利用安全框来查看摄像机的渲染范围。接着，点击状态栏的 Render Settings（渲染设置）按钮，在开启的面板中调整 Presets（预先设置）为 HD_720，使 Image Size（图片尺寸）下的 Width 和 Height 自动更改为 1280×720， Resolution（分辨率）为 72，如图 4-18 所示。

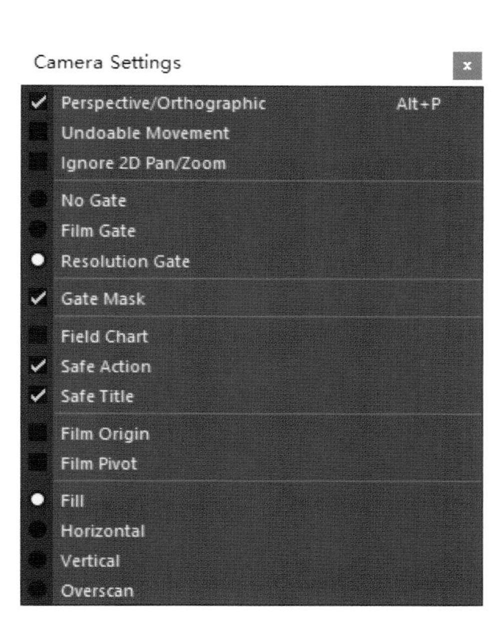

图 4-17

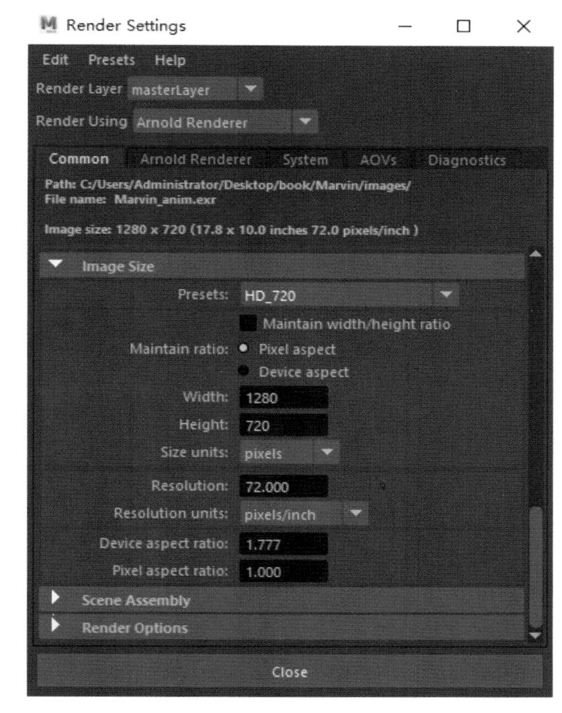

图 4-18

2. 设置背景图像

继续选中从 Boujou 中反求出的虚拟摄像机，按快捷键 Ctrl+A 进入摄像机属性面板，在 ImagePlane 板块中点击 Image Name 后的文件夹，指定背景序列帧的存放路径，使背景图像呈现到眼前。

注意：一定要勾选 Use Image Sequence（使用图片序列），如图 4-19 所示，这样背景画面才能以序列帧的方式形成动态视频。此时，摄像机视图的效果如图 4-20 所示。

3. 整理摄像机

执行 Windows（窗口）> Outliner（大纲视图）命令，打开 Maya 的大纲视图。在个别情况下，如果发现特征定位点的 Locator 处于分散状态，还应该为它们打组。即：选中所有分散的 Locator，按快捷键 Ctrl+G 生成一个新的组，重命名为 reference_points，并将组 reference_points 和 Camera_1_1 用鼠标中键一起拖

拽到 boujou_data 组中，如图 4-21 所示。这样能使摄像机的定位数据更加可控。最后，保存现有的文件为 Marvin_cam.mb。

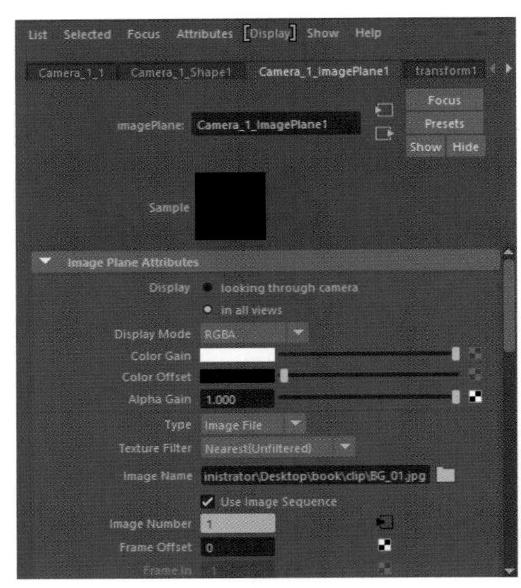

图 4-19

图 4-20

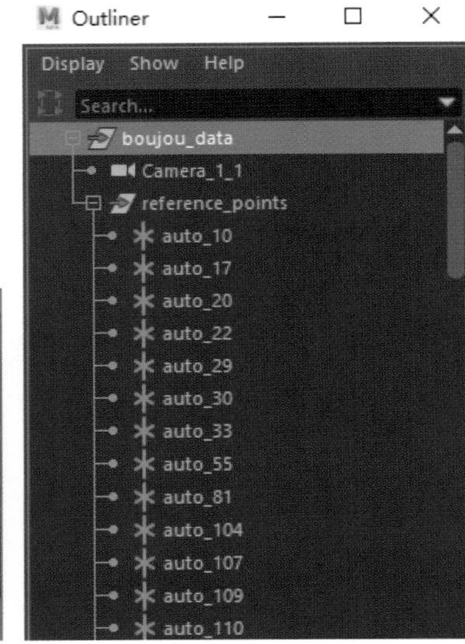

图 4-21

【内容总结】

通过本章的学习，我们了解到如何利用 Boujou 软件实现在二维序列帧中的三维虚拟摄像机解算，再结合 Maya 软件的三维空间，模拟出背景视频中摄像机的空间运动方式，其中包含了图像特征追踪、摄像机路径平滑、Maya 软件整合的设置方法和原理。这是进行三维空间与二维素材合成的基础，值得读者认真研究。

【课后作业】

（1）复习利用 Boujou 进行三维虚拟摄像机反求的方法。

（2）使用课下拍摄的视频素材，结合课堂中的内容，进行摄像机反求解算。

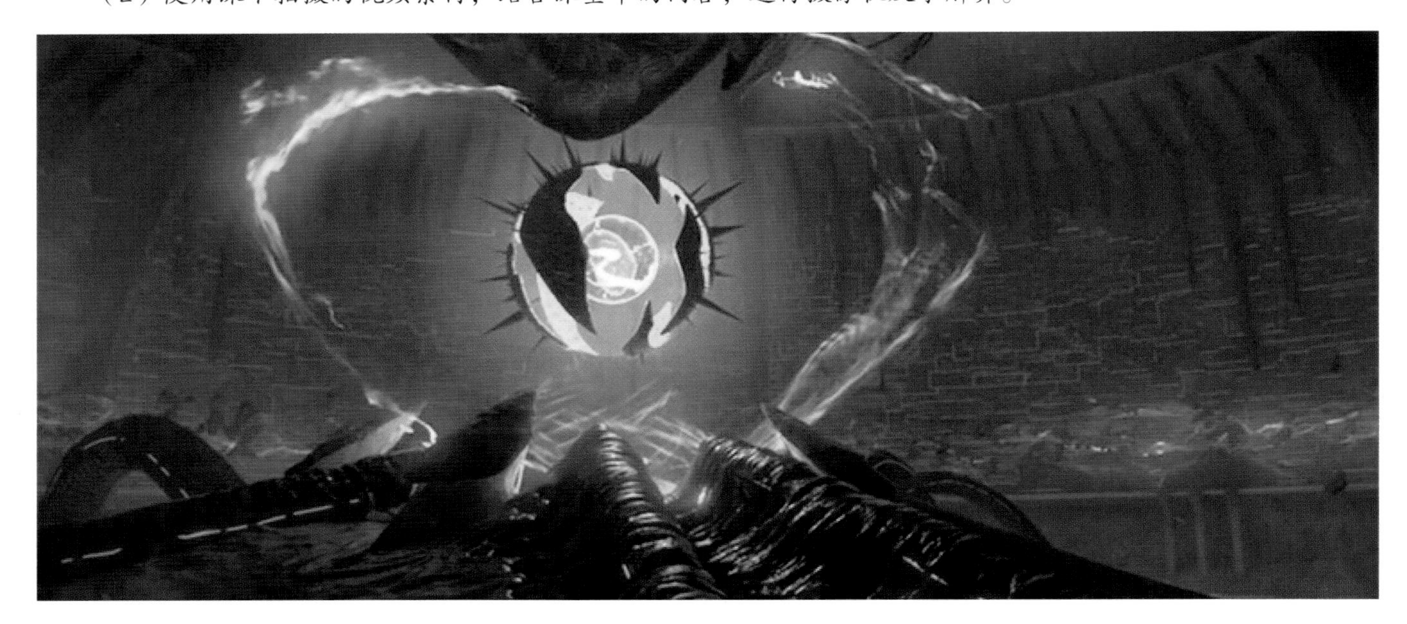

第五章
场景灯光渲染

【学习重点】

本章重点学习环境光照明、角色与背景整合、分层渲染设置。

【学习难点】

如何通过调整角色材质和灯光照明效果，实现角色在场景中的完美置入。

一、场景渲染概念

场景渲染，英文名为 scene render，是指在三维软件中给各类模型着色，将场景中的灯光及对象的材质纹理整合成图片或视频的形式（见图 5-1）。

图 5-1

Maya 软件主要有四种渲染方式：

■ Maya Software 软件渲染：最常用的渲染器，大部分渲染都可以通过它来实现，功能齐全，除了极个别的效果或追求顶级画面，用它能完成一部动画作品的渲染输出。

■ Maya Hardware 硬件渲染：主要渲染一些特殊效果、粒子、线框等，速度非常快，但是很多效果无法渲染，使用率不高。它像游戏一样使用显卡渲染。

■ Maya Vector 矢量渲染：能将 Maya 场景以 Flash 矢量风格进行渲染。但是因为它的渲染设置较少且渲染速度很慢，因此没有成为卡通渲染的首选。

■ Arnold Renderer 阿诺德渲染：后来整合进 Maya 的渲染器，专业级渲染方式，可模拟真实环境照明来生成非常精美的画面，一般运用于电影级画面。设置参数较多，渲染速度相对较慢。

二、创建场景天光

1. HDR 贴图概念

HDRI 是 high-dynamic range image 的缩写，也就是高动态范围图像。它是一种特殊图形文件格式，它的每一个像素除了普通的 RGB 信息外，还有该点的实际亮度信息。普通的图形文件每个像素只有 0 到 255 的灰度范围，远远不能满足用它作为场景照明的需求。而 HDR 贴图可以提供更大的动态范围和更多的图像细节，利用不同的曝光时间相对应的最佳细节的 LDR（low-dynamic range）图像来合成的最终的 HDR 图像，这样就记录下了图片环境中的照明信息，能够更好地反映出真实环境中的视觉效果。HDR 图像的样例如图 5-2 所示。

图 5-2

HDR 贴图常被应用于建筑、家居、静物、机械、影视及后期制作等的模型渲染，其重要作用在于可以作为环境背景，模拟出各类模型周围背景中的类似蓝天、白云、树木等元素；还可以作为被渲染模型的照射以及反射光源，例如渲染汽车或不锈钢材质等的高反光时，提供充足的光源并使渲染物体表面产生超级丰富、逼真的自然反光效果。

2. 下载 HDR 贴图

为了给现有的场景匹配一个类似的自然照明效果，这里先从网站上搜索和背景环境接近的 HDR 贴图作为天光。此处推荐一个免费的 HDR 贴图下载网站：https://hdrihaven.com/hdris（见图 5-3）。通常情况下，网站免费提供了 1 K、2 K、4 K、8 K 和 16 K 的 HDR 下载分辨率，数值越大，图像越清晰。我们选择一张阴天的室外有建筑环境的 2 K HDR 图进行下载。

图 5-3

3. 创建球天灯光

在 Maya 软件中打开之前保存的 Marvin_cam.mb 文件，点击 Arnold （阿诺德）> Lights（灯光）> Skydome Light（球天灯光）命令，创建一个巨大的球形灯光体，如图 5-4 所示。此时，发现球体相对于场景中的模型偏小，按快捷键 Ctrl+A 展开该球体属性面板中的 aiSkyDomeLightShape1 板块，增大 Viewport（视口）下 Sky Radius（天空半径）的数值到 2000，如图 5-5 所示。现在如果直接渲染，会出现背景一片白色的效果。但是，我们需要场景中的角色模型能恰如其分地融入背景环境中，就必须为它创建接近于背景环境的环境光。因此，展开 aiSkyDomeLightShape1 板块下的 SkyDomeLight Attributes（智能球天照明属性），点击 Color（颜色）后的按钮（见图 5-6），在弹窗中选择 File（文件），为它指定 dresden_square_2k.hdr 贴图，完成后效果如图 5-7 所示。另外，由于此贴图是 2 K 的分辨率，为了使 Maya 软件也能识别到贴图的参数，以提高光源的亮度和颜色分布，在 SkyDomeLight Attributes 的 Resolution（分辨率）中，把数值提升到 2000，如图 5-8 所示。

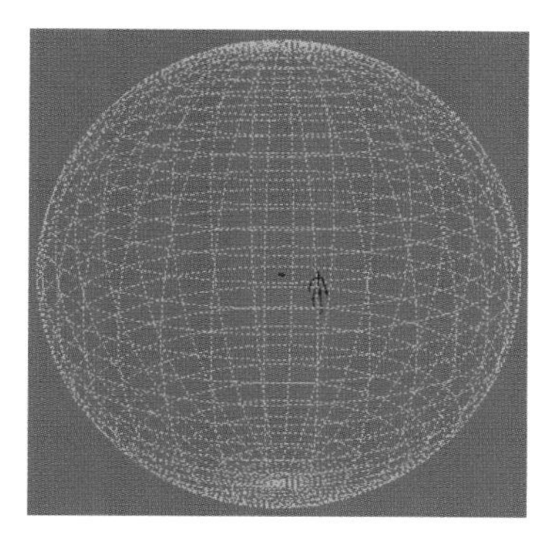
图 5-4

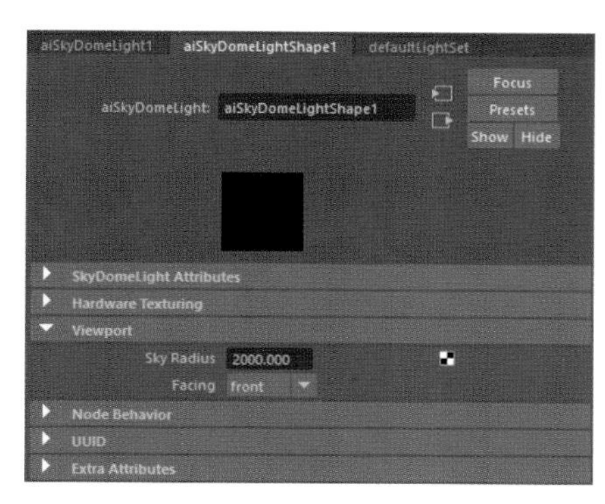

图 5-5

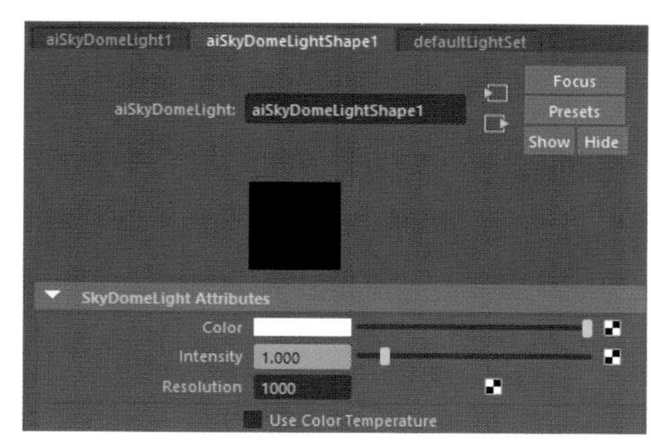

图 5-6

图 5-7

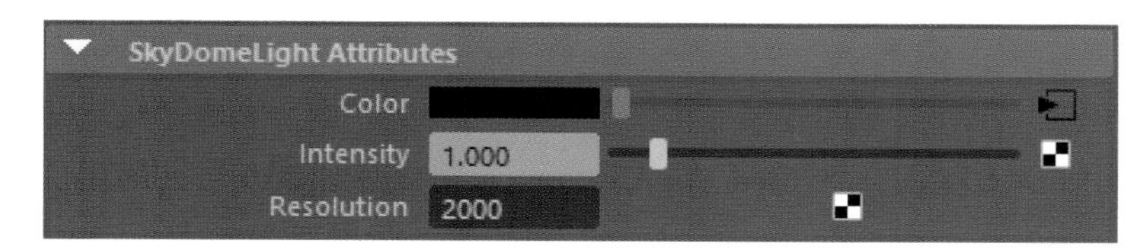

图 5-8

4. 视口摆放调整

点击视口左侧快捷布局工具栏中的双视图按钮，将单视口切换为双视口。接着点击左侧视口菜单栏中的 Panels（面板）> Perspective（透视）> Camera_1_1（摄像机 _1_1）命令，把视口切换为虚拟摄像机视图。同时，把右侧视口切换为透视图，如图 5-9 所示。这样操作的目的是在编辑摄像机和球天灯光的同时，预览虚拟摄像机的渲染效果。

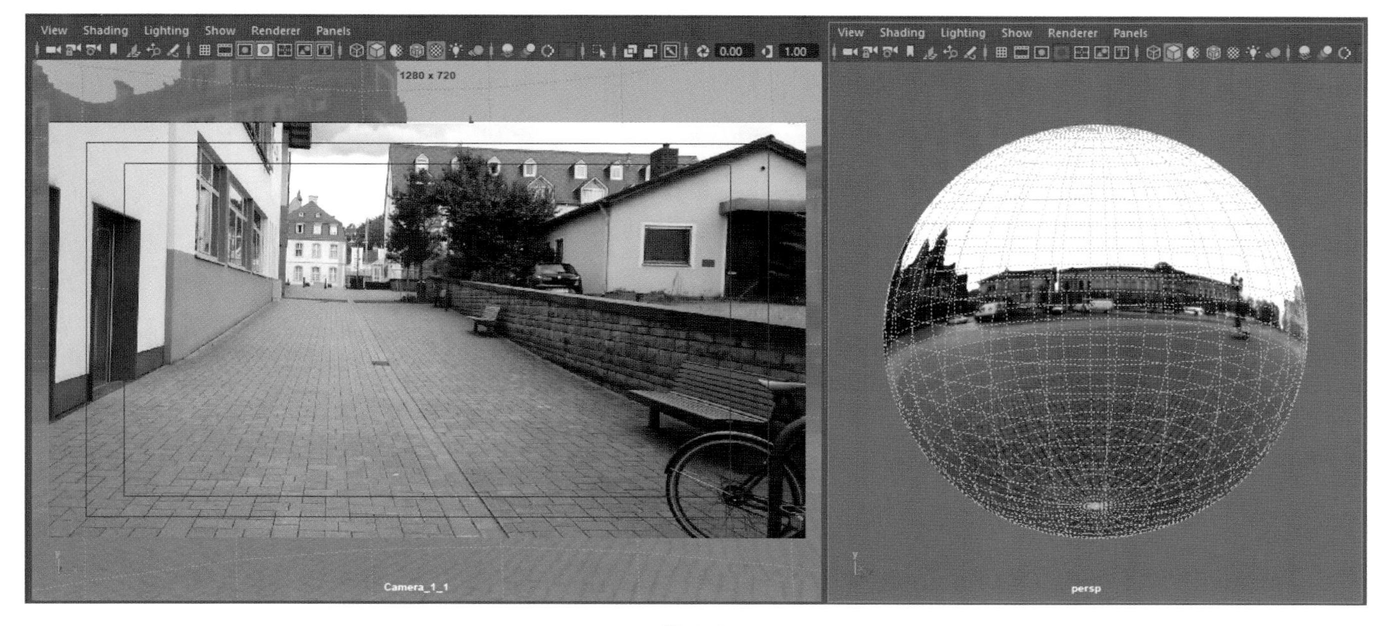

图 5-9

5. 调节光源方向

球天中的 HDR 贴图决定了场景中光源的照射方向。根据摄像机背景图的照明效果，我们通过在水平轴方向上旋转球天模型，即可以实现顺光、逆光或侧光的照明效果。具体方法是调整球天模型的 Rotate Y 数值。

三、设置导入角色

1. 导入场景角色

在现有 Maya 文件中，点击 File（文件）>Import（导入）命令，选择第三章保存的 Marvin_anim.mb 动作角色文件进行导入，如图 5-10 所示。此时的角色和摄像机处于一种相互穿插的状态。为此，我们在 Outliner（大纲视图）中选中摄像机的大组 boujou_data，如图 5-11 所示。然后进行三维空间中 Translate（移动）和 Scale（缩放）的调整，使 Marvin 机器人处于摄像机和背景面板之间，调整后的效果如图 5-12 所示。

图 5-10

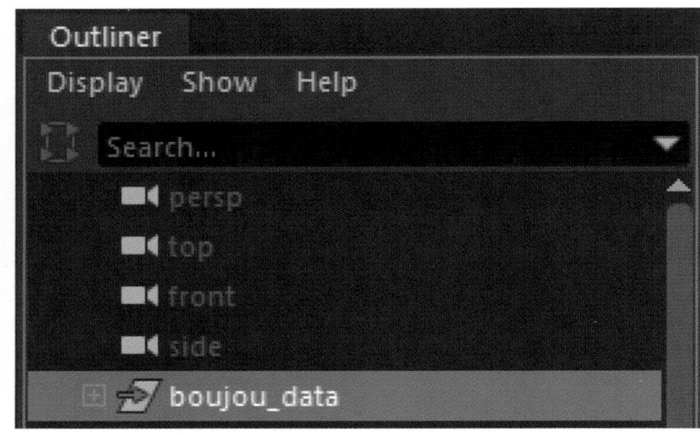

图 5-11

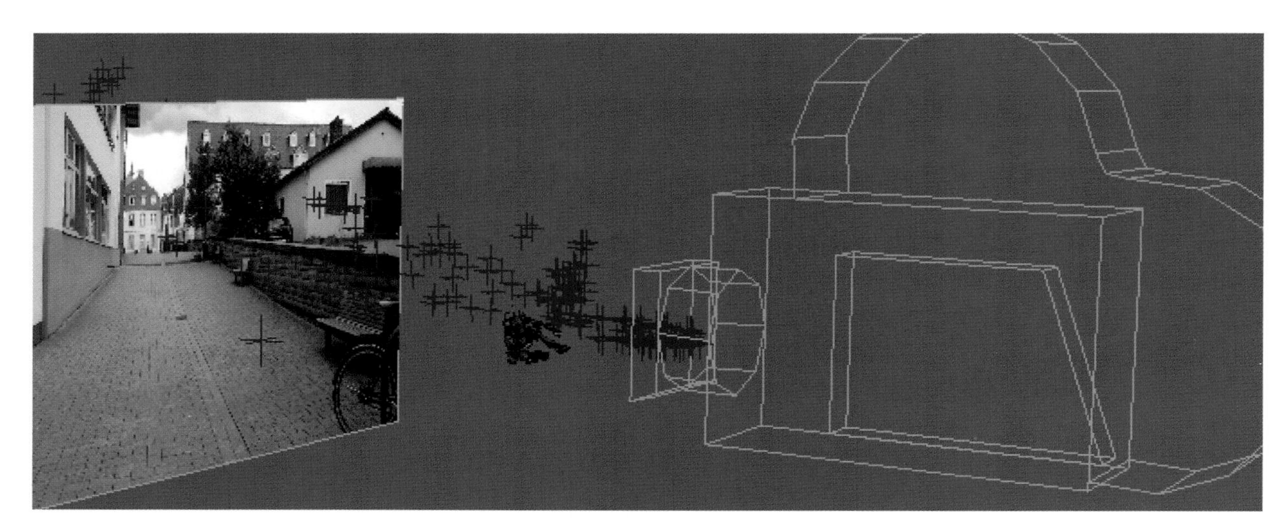

图 5-12

2. 测试照明渲染

选中 Camera_1_1 视图，执行 Maya 软件菜单栏的 Arnold（阿诺德）> Render（渲染）命令，渲染虚拟摄像机在球天灯光照明下的默认效果。如图 5-13 所示，渲染效果图存在一些问题，比如摄像机背景图和球天的 HDR 贴图重叠，角色材质过于耀眼。

注意：如果想要缩短测试时间，可以在 Arnold RenderView（阿诺德渲染器视口）的菜单栏中调低渲染图的尺寸，执行 View（查看）>Test Resolution（测试分辨率）> 50% 命令，如图 5-14 所示。

图 5-13

图 5-14

3. 隐藏球天贴图

选中球天模型，在它的 aiSkyDomeLightShape1 板块中，将 Visibility（可见性）下的 Camera（摄像机）数值调为 0，如图 5-15 所示。再次渲染，就只剩摄像机的背景图了，如图 5-16 所示。

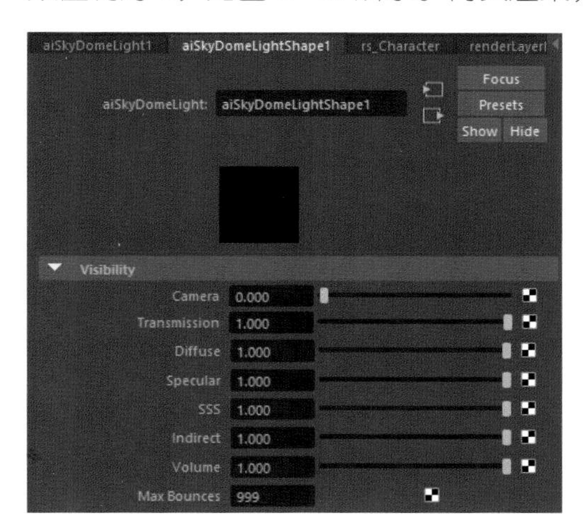

图 5-15

图 5-16

4. 设置投影地板

为了使角色模型和地面产生自然的贴合效果，光源照射到角色身上后就应该在地面形成相应的投影，良好的阴影效果是我们需要打造的一个重要细节。点击 Maya 菜单栏中的 Create（创建）>Polygon Primitives（多边形基本体）>Cube（正方体）命令，通过移动、旋转和缩放调整出一个长方体状的地板，重命名长方体为 Groundfloor，放在角色模型的脚底（见图 5-17），尽可能使地板的纵向网格线和地面的透视线条保持一致。

注意：角色在运动的过程中，若身体的各个部位在落地时和地板发生穿插或者脱离，都需要在 Graph Editor（曲线编辑器）中精修角色各个关节的运动曲线，使其和地板一直保持刚好接触的状态。

5. 调整地板材质

此时用 Arnold 渲染场景，效果如图 5–18 所示。为了在接收阴影的同时又隐藏地板，我们执行 Maya 菜单栏的 Windows（窗口）> Rendering Editors（渲染编辑器）>Hypershade（材质编辑器）命令，在弹窗中展开 Arnold，选中下面的 Shader（着色器），点击右侧的 aiShadowMatte 球，创建一个智能阴影遮罩着色器，如图 5–19 所示。接着，用鼠标中键把该着色器拖拽到地板模型上释放，再次渲染的效果如图 5–20 所示。

图 5–17

图 5–18

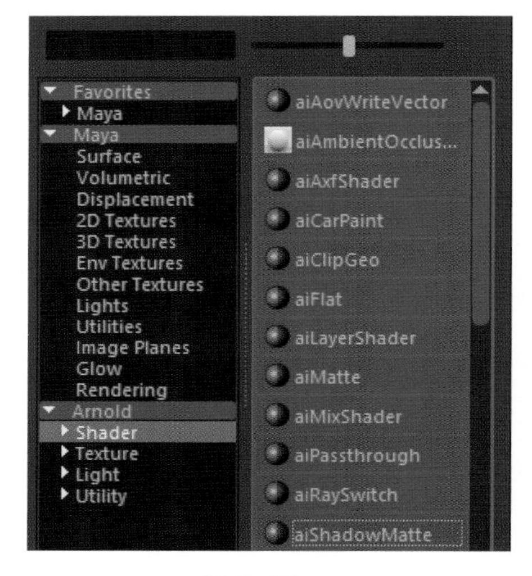

图 5–19

图 5–20

6. 赋予角色材质

此时的角色模型表现为身体的反光较为强烈，这是因为当前使用的是 Phong（冯氏）材质。该材质的特点是：具有明显的高光区，适用于湿滑的或表面具有光泽的物体，如玻璃、水滴等。这就是问题之所在。此时我们选择角色身体的任一部分，按快捷键 Ctrl+A 进入该模型的材质属性面板下的 Marvin_MarvinScreen1 板块。在 Type（种类）选项中，将现有的 Phong 切换为 Ai Standard Surface（智能标准曲面）材质，如图 5–21 所示。然后，我们把 Marvin_Body_D.tga 贴图作为 File（文件）指定给 Base（基础属性）下的 Color（颜色）项；再把 Marvin_Body_S.tga 贴图作为 File（文件）指定给 Specular（高光）下的 Color（颜色）项；最后把 Marvin_Body_N.tga 贴图作为 File（文件）指定给 Geometry（几何体）下的 Bump Mapping（凹凸贴图）项，如图 5–22 所示。

另一方面，我们对角色的 Head（头部）和 Face（面部）也执行类似的操作，分别指定 Marvin_Head_A_D.tga、

Marvin_Head_A_S.tga、Marvin_Head_A_N.tga 和 Marvin_Face_Think3.tga 贴图到对应的属性上。

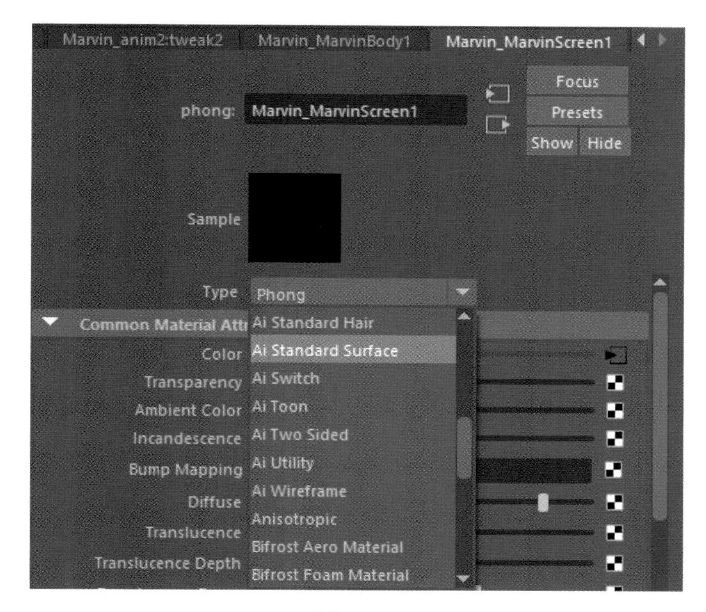

图 5-21

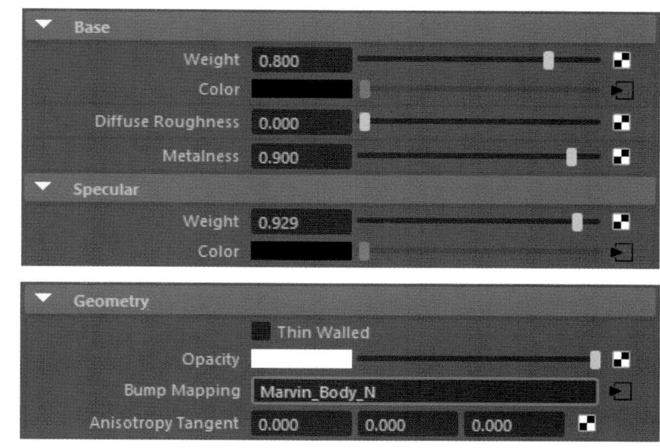

图 5-22

7. 讲解材质属性

此处针对 Ai Standard Surface 材质将要表现的金属的基本特性，初步讲解该材质相关参数的具体功能，如图 5-23 和图 5-24 所示。

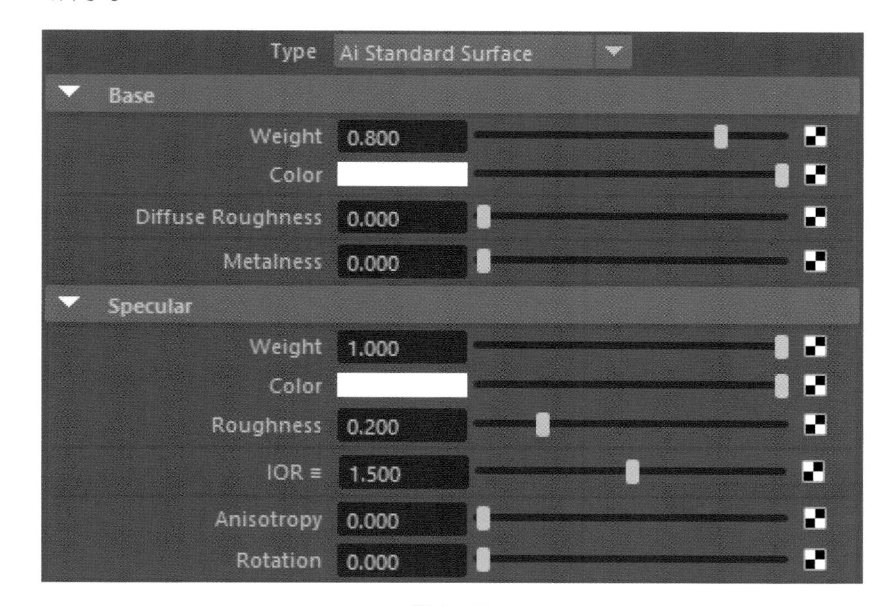

图 5-23

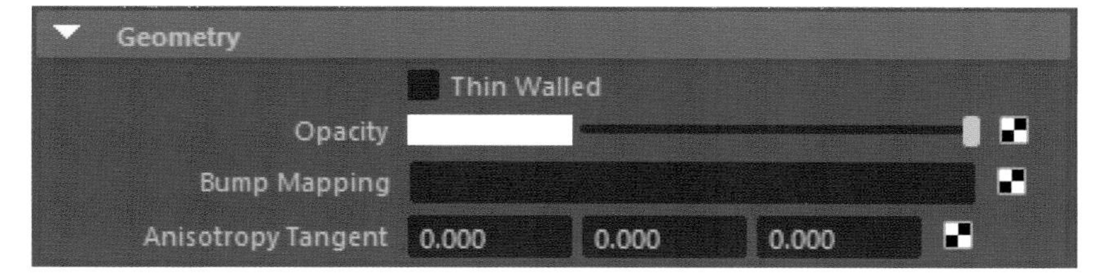

图 5-24

（1）Base（基础属性）：定义对象表面的基本属性。

■ Weight（颜色权重）：数值越小，颜色越暗，反之越亮，可以理解为控制材质的明暗度。

■ Color（基础颜色）：定制对象表面的颜色，可以是纯颜色，也可以赋予相应贴图。

■ Diffuse Roughness（漫反射的粗糙度）：值越高，材质表面就越粗糙，适合混凝土、沙子等表面的对象模型。

■ Metalness（金属属性）：为 1 时，可以模拟金属，其外观由基础颜色值和镜面反射颜色值控制。

（2）Specular（高光）：定义节点属性以控制材质表面的高光表现。

■ Weight（高光权重）：数值控制反射高光的亮度。

■ Color（高光颜色）：调节高光反射的颜色。

■ Roughness（粗糙度）：控制高光反射的粗糙度，值越小，越清晰，反之越模糊。

■ IOR（折射率）：定义材质的折射率，比如水的折射率一般是 1.33，玻璃的折射率一般是 1.50，金属的折射率一般是 1.48 ~ 1.51。

■ Anisotropy（各向异性）：定义材质高光在某个方向上显示光泽或粗糙效果。

■ Rotation（旋转）：定义高光的角度。

（3）Geometry（几何体）：定义模型的几何体特征。

■ Thin Walled（薄壁）：建议用于单面较薄的对象，有厚度的对象可能渲染不正确。

■ Opacity（透明）：定义允许光线穿过的程度，可以使对象对摄像机不可见。

■ Bump Mapping（凹凸贴图）：赋予材质凹凸纹理贴图。

■ Anisotropy Tangent（各向异性切线）：为镜面反射各向异性着色指定一个自定义切线。

8. 调整角色材质

现在直接用 Arnold 渲染摄像机视口，可见角色模型的纹理较之前变得更加清晰，高光也明显减弱，如图 5-25 所示，但是整个模型缺少金属质感。选中角色躯干上任一处模型，按快捷键 Ctrl+A，去往它的属性面板，增大 Base（基础属性）下的 Metalness（金属属性）到 0.9，同时适当降低 Specular（高光）下的 Weight 到 0.9，增大金属表面的 Roughness（高光粗糙度）到 0.5，如图 5-26 所示。同时，对角色的 Head（头部）和 Face（面部）模型也进行类似的参数调整。经过多次参数调整后，模型具备了更接近于金属表面的高光质感和粗糙特性，最终的渲染效果如图 5-27 所示。

图 5-25

Type Ai Standard Surface

Base

Weight	0.800
Color	
Diffuse Roughness	0.000
Metalness	0.900

Specular

Weight	0.900
Color	
Roughness	0.500
IOR ≡	1.500
Anisotropy	0.000
Rotation	0.000

图 5-26

图 5-27

9. 调节道具材质

在 Hypershade（材质编辑器）中创建一个新的 Ai Standard Surface 材质，将它重命名为 lighter（探照灯），并把它赋予探照灯前端的灯罩面片，如图 5-28 所示。展开 Ai Standard Surface 材质属性面板下的 Emission（自发光），Weight（权重）是控制发光的数量，我们将数值增大到 1； Color（颜色）项是设置自发光的颜色，此处更改为正红色，如图 5-29 所示。这样探照灯就能照射出红色的光芒，如图 5-30 所示。

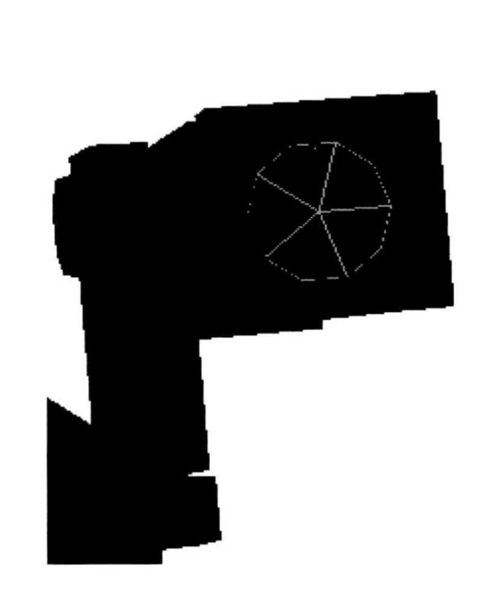

图 5-28

图 5-29

图 5-30

10. 消除角色抖动

我们通过分析角色在场景中的运动可见，角色一开始是处于原地站立状态，马上进行空中翻腾，落地后继续保持一段时间的静止站立。与此同时，虚拟摄像机始终沿纵深方向前推运动，这就会导致后期反求出的摄像机运动路径也一直在运动变化中。我们知道，角色要保持静止站立，一种是角色和场景都处于静止模式的绝对静止状态，另一种是角色和场景都处于运动模式的相对静止状态。因此，为了匹配三维场景中后一阶段绝对静止站立的角色，我们需要把这一阶段的摄像机的运动路径删除，使两者保持相同的静止匹配。

首先，我们逐帧检查角色动画，发现在第 46 帧时角色的左脚刚好完全落地。接着，选中摄像机

Camera_1_1，执行 Maya 菜单栏的 Windows（窗口）>Animation Editors（动画编辑器）>Graph Editor（曲线编辑器）命令，打开曲线编辑器。用鼠标左键框选 Camera_1_1 下的 Translate X、Translate Y、Translate Z、Rotate X、Rotate Y 和 Rotate Z 曲线上从第 46 帧到第 71 帧上的所有关键帧，最后按键盘上的 Delete 键进行删除，效果如图 5-31 所示。这样，在第 46 ~ 71 帧的摄像机和角色站位都呈现绝对静止的状态，有助于提升 AE 软件后期合成的可控性。

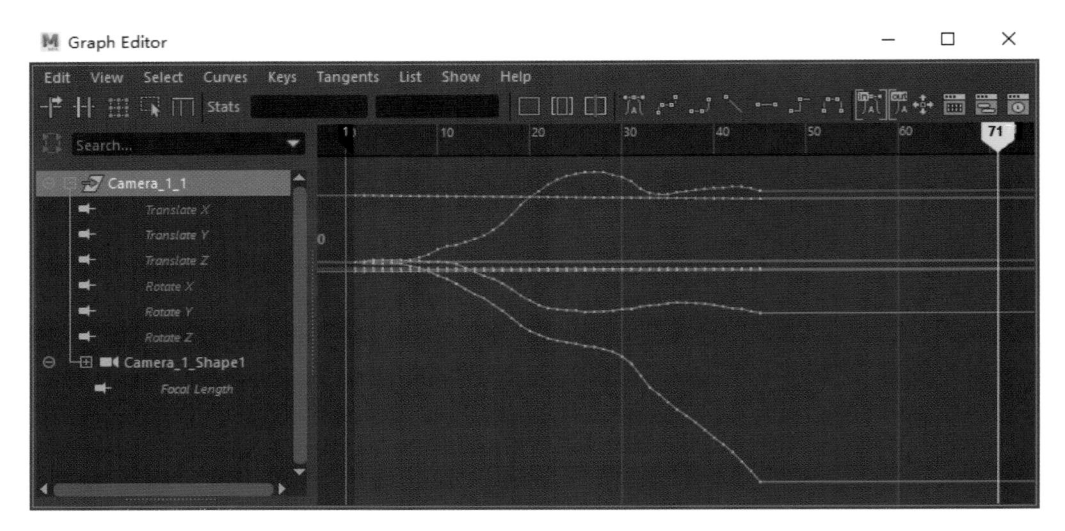

图 5-31

四、设置渲染参数

1. 调整阴影采样值

当前的渲染效果并不理想，例如：投射到地面的阴影的颗粒感严重，这是由于光源的采样值偏低造成的。我们在视口中选中球天模型，在它的属性面板中把 Samples（采样值）从 1 提升到 3，如图 5-32 所示。此时，我们从图 5-33 中可以对比看到采样值 1 和采样值 3 在阴影质感上的差距。

注意：随着采样值的增大，渲染时间也会延长。为此我们应该在保证画面效果的同时，尽可能降低采样值。

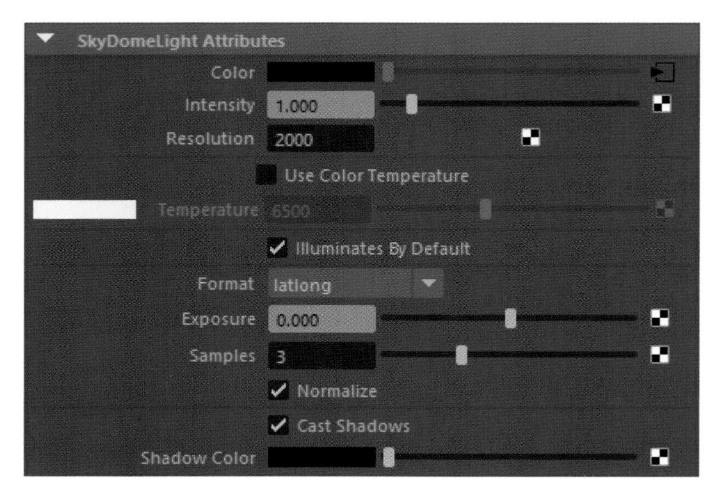

图 5-32

图 5-33

2. 阿诺德渲染原理

Arnold 的渲染完全是基于模拟自然光照的光线追踪模式。对于最终渲染画面的每一个像素点，都由摄影机向场景发出 N 条射线，来获得场景中对应物体的光照信息。然后这每条射线又根据场景模型的材质特性而散射出 N 条次级射线，来获取相关材质特性所带来的次级光照信息。最终将这些所有的信息返回给渲染器，计算出各种渲染通道，并合成最终图像。渲染原理如图 5-34 所示。

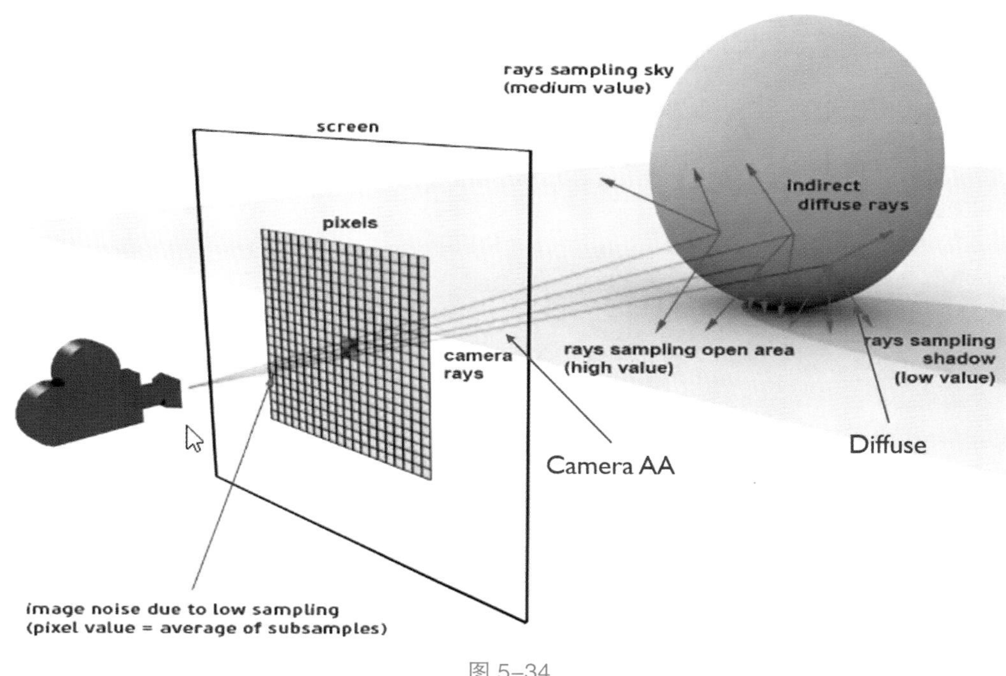

图 5-34

3. 设置采样参数

此时，点击 Maya 软件状态栏的渲染设置按钮，打开 Render Settings（渲染设置）面板，切换到 Arnold Renderer 板块。Sampling（采样）决定场景中需要计算多少根射线及其返回的光照信息，该板块下的参数含义如下：

■ Camera（AA）（摄像机 AA）：决定每一个像素点将对应多少根主射线，影响场景中动感模糊、景深和抗锯齿的采样效果。参数越大，边缘质感越好。它对其他参数有指数式翻倍的效果，例如：当此数值为 3 时，相当于每一个像素点将对应 9（3×3）条主射线。

■ Diffuse（漫反射）：控制灯光在场景的全局漫射采样效果；若 Camera（AA）数值为 3，此处数值为 2，相当于一共有 36（3×3×2×2）条射线来检测这个点的间接漫反射光照效果。

■ Specular（高光）：控制着高光的粗糙度。

■ Transmission（传递）：提高物体的透光性。

■ SSS：用于调整半透明材质的采样效果。

■ Volume Indirect（间接体积）：控制体积的采样效果。

此处我们仅把 Camera（AA）、Diffuse、 Specular 增大到 5，如图 5-35 所示。

注意：由于射线的最终数量都是呈指数式增长，若一个数值稍微偏大，很可能会拖慢整个渲染速度。因此，了解各个参数的特性并进行合理的设置，才能提升作品的渲染效率。

4. 设置射线深度

Ray Depth（射线深度）控制各类射线在场景物体间反弹的次数。各个参数含义如下：

■ Total（总值）：控制一根射线所能反弹的总次数。

■ Diffuse（漫反射）：数值越大，间接照明的细节越丰富，场景也会随之变亮一些。1 代表光线仅做一次反弹，一般要满足 3 次反射。

■ Specular（高光）：数值越大，高光的反射就越准确。1 代表在反射中仅能看到漫反射，2 代表可以看到反射中的反射，3 代表可以在 A 的反射中看到 B 物体所反射的 A。

■ Transmission（传递）：数值越大，背面的光线能够透过的透明物体层级就越多。

■ Volume（体积）：数值越大，灯光穿透体积的能力越强。

■ Transparency Depth（透明深度）：针对的是半透明（无折射效果）可见层数。做此限定主要是防止过多的透明贴图拖慢场景渲染速度。

这里我们把 Total 设为 10， Diffuse 和 Specular 设为 5，Transmission 设为 2，如图 5-36 所示。

注意：Ray Depth 只与光照准确度有关，与图像质量无关，提高 Ray Depth 数值并不能减少噪点！

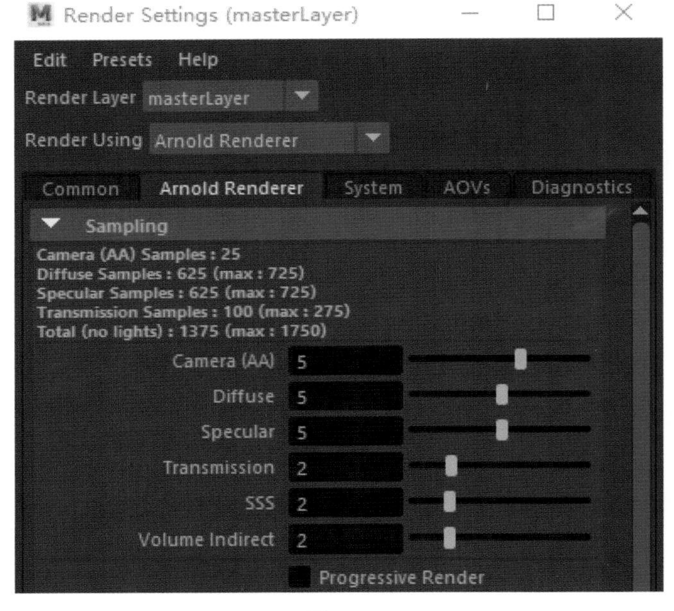

图 5-35

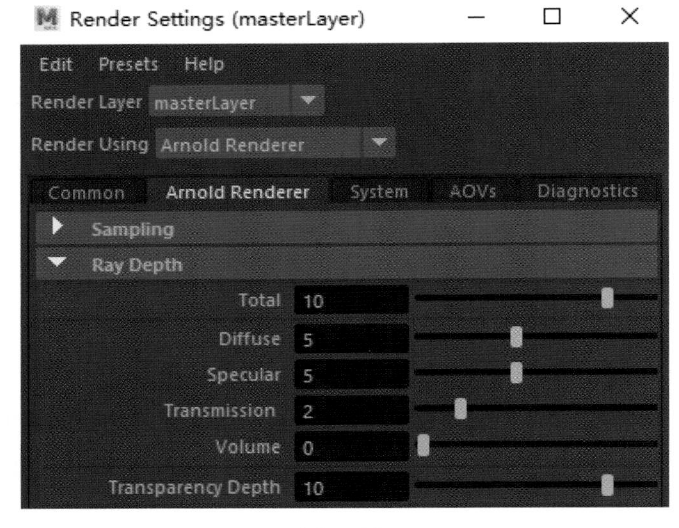

图 5-36

5. 分层渲染原理

由于作品在最终合成的时候，需要在后期软件中分别调整角色模型和地面阴影的效果（色彩、亮度、饱和度、对比度、噪点等），因此使用分层渲染能够有效避免整层渲染所带来的图像整合后的弊端，提高单层质量的可控性。一般根据项目内容分为角色层、道具层和背景层，如图 5-37 所示，通过绿幕抠像技术在保留角色层的同时完成了背景层的替换；也可以根据景深分为前景层、中景层和远景层，如图 5-38 所示；还可以根据物体属性分为颜色层、高光层、反射层、发光层、深度层和阴影层等，如图 5-39 所示。当然，使用分层渲染比整层渲染所消耗的时间要多一些，但是在后期可以进行分层调整以得到更好的画面质感。

通常情况下，分层渲染单帧后可以使用 PS 软件进行整合，分层渲染序列帧后则可采用 AE 软件进行合成。

图 5-37

图 5-38

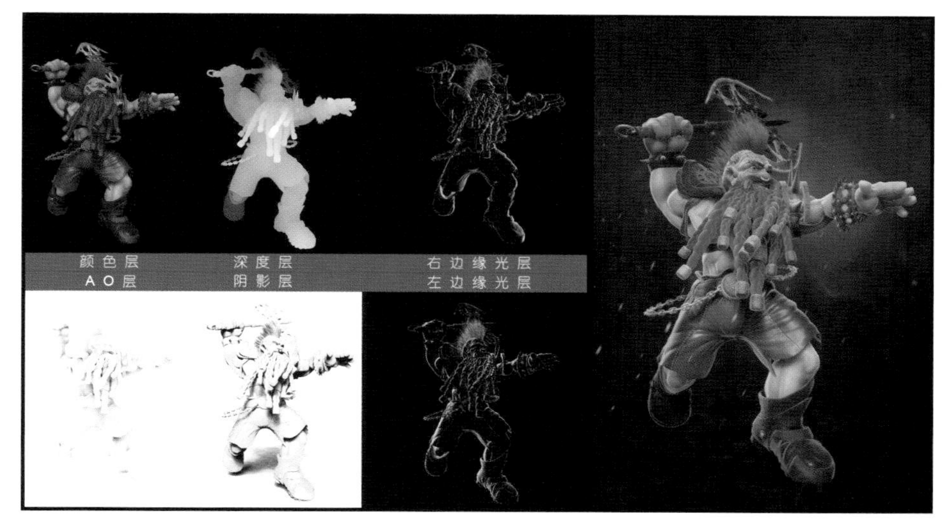

图 5-39

6. 设置角色层

在 Maya 软件的菜单栏上点击 Windows（窗口）>Rendering Editors（渲染编辑器）>Render Setup（渲染设置）命令，打开渲染设置面板。也可以直接按状态栏的按钮，开启渲染设置面板。点击面板左侧的创建渲染层按钮，生成一个空白渲染层，重命名为 Character（角色）。使用鼠标右键点击 Character 层，在弹窗中选择 Create Collection（创建集合），重命名新建的集合层为 Marvin。再次使用鼠标右键点击 Character 层，在弹窗中选择 Create Collection（创建集合），重命名新建的集合层为 Light。然后，我们选择面板左侧的 Collection: Marvin 集合层，在三维视口中选中整个角色模型（除去探照灯灯罩），点击面板右侧的添加 Add 按钮，把角色模型载入右侧的集合框中，如图 5-40 所示。接着，选中左侧的 Collection: Light 集合层，选中三维视口中的球天模型，点击面板右侧的添加 Add 按钮，把球天模型载入右侧的集合框中，如图 5-41 所示。

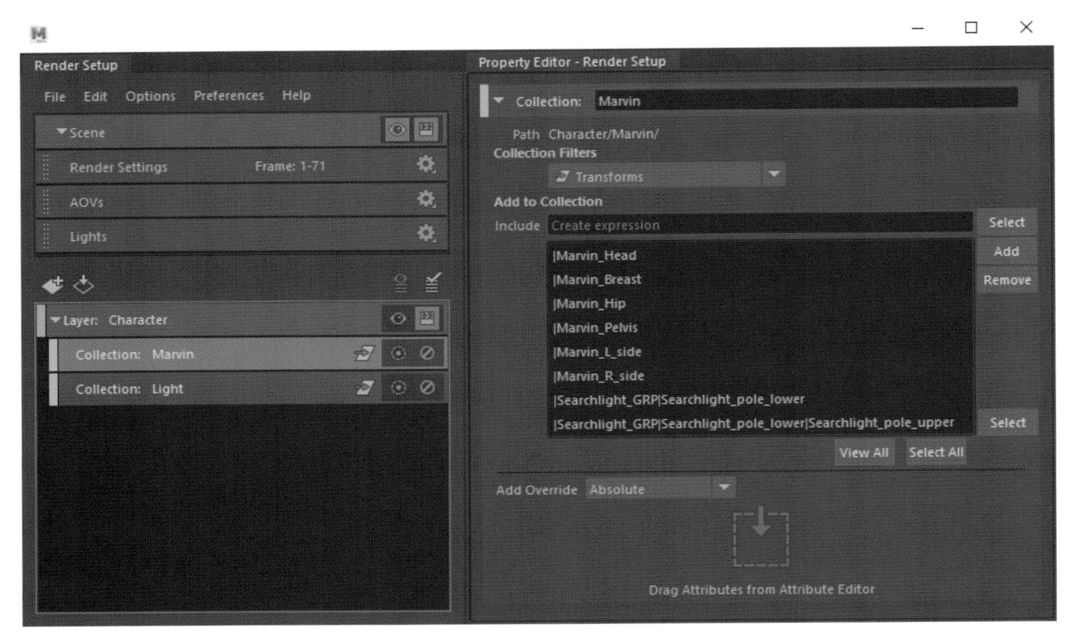

图 5-40

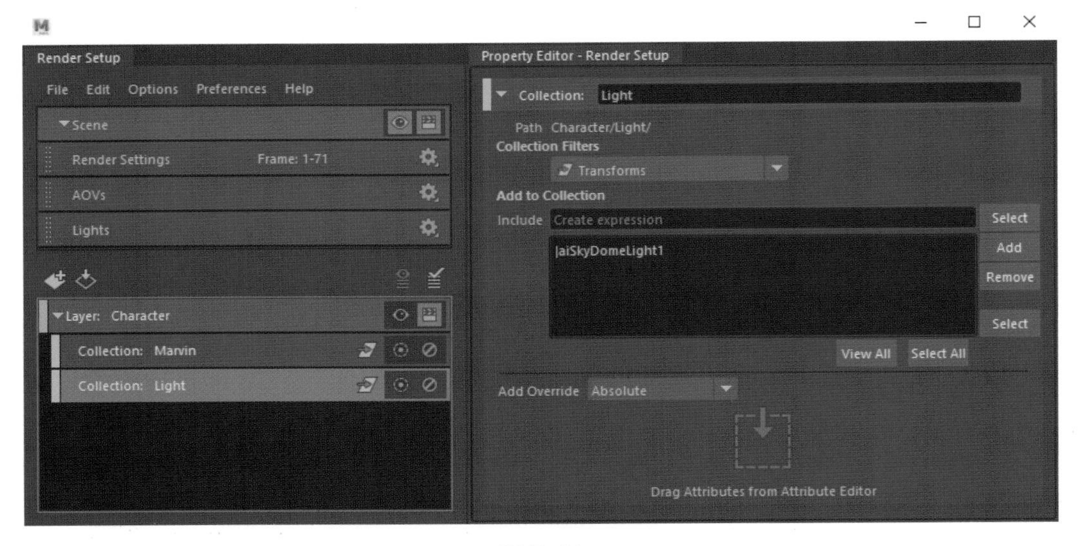

图 5-41

备注：如果在渲染角色层时，发现摄像机 Camera_1_1 的背景视图始终出现在画面中，无法隐藏，可以先在透视图中选中摄像机的 Image Plane（图片面板），打开 Windows（窗口）> Rendering Editors（渲染编辑器）>Hypershade（材质编辑器），点击 Input and Output Connections 按钮以展开摄像机背景面板的输入和输出链接，最后打断 Image Plane（背景视图）和 Camera（摄像机）之间的蓝色连接线（见图 5-42），使该背景视图消失。

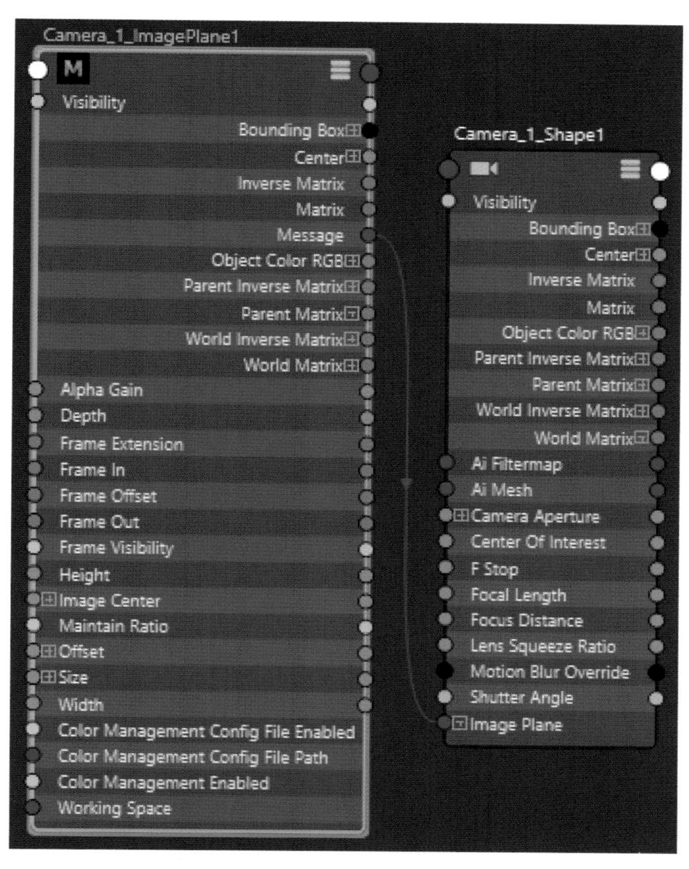

图 5-42

7. 设置道具层

用上述方法，在面板左侧创建 Searchlight（探照灯）渲染层，在 Searchlight 渲染层下分别创建 Searchlight_glass1 集合层和 Light1 集合层。同时，为 Collection: Searchlight_glass1 集合层添加 Searchlight_glass（探照灯灯罩）模型，为 Collection: Light1 集合层添加球天模型。此时，我们可以分别点击渲染层右边的设置图层可见按钮，这样三维场景中只显示该层的模型，确保添加物件的正确性。

8. 设置阴影层

为了得到一个单独可控的阴影层，我们继续在面板左侧创建一个 Shadow（阴影）渲染层，在它的下面创建一个新的集合层，重命名为 Groundfloor1。然后，在面板右侧集合框中为其添加角色模型、探照灯模型和地板模型。接着，用鼠标右键点击 Collection: Groundfloor1 集合层，在弹窗中选择 Create Shader Override（创建着色器覆盖），生成一个着色器覆盖层，如图 5-43 所示。此时 Shader Override 层处于选中状态，继续点击面板右侧的 Override Shader 后的按钮，在 Create Render Node 弹窗中为它指定 Shader（着色器）下的 aiShadowMatte（智能阴影遮罩）材质，如图 5-44 所示。

图 5-43

图 5-44

完成全部设置后，再次使用 Maya 菜单栏的 Arnold（阿诺德）>Render（渲染）命令进行渲染，渲染出来一片黑色。这是因为阴影本身是黑色，与黑色背景融为一体了。我们点击 Arnold Render View 上的 Alpha 通道按钮，显现出黑色背景下的 Alpha 阴影，如图 5-45 所示。

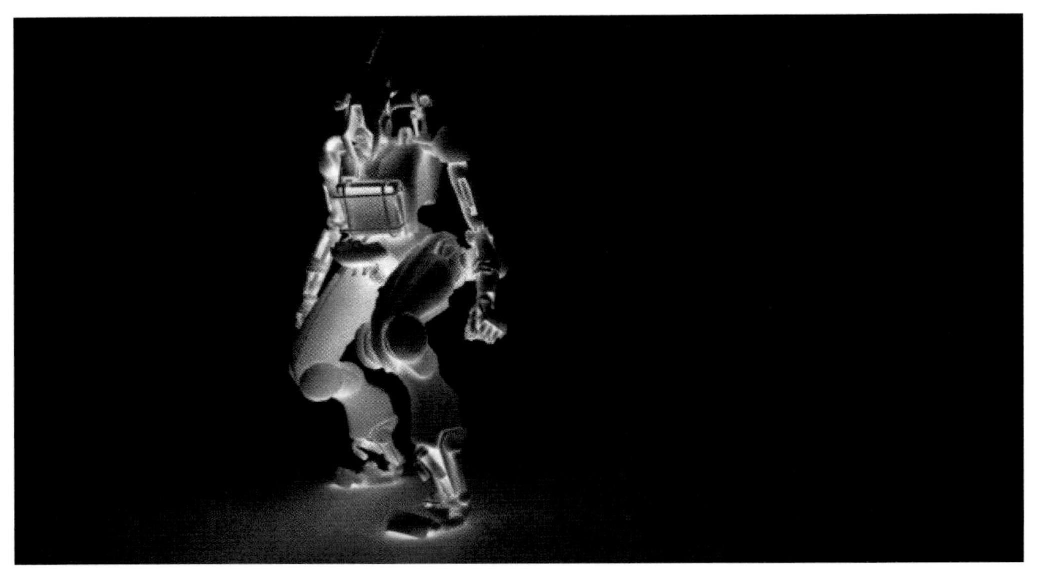

图 5-45

9. 过滤角色阴影

在完成上一步的操作后，整个角色、道具和地面都具备了单独的阴影层。而此时角色层的灯光照明不仅会生成模型颜色，还会随之投射阴影，而这层阴影会和刚才设置的阴影层的阴影叠加，导致阴影颜色加深。因此，我们应该设法过滤掉角色颜色层的阴影。方法是：先选中渲染设置面板左侧的 Collection: Light 集合层和右侧的 aiSkyDomeLight1，如图 5-46 所示。然后选中三维场景中的球天模型，在它的属性面板 aiSkyDomeLightShape1 中，用鼠标右键点击 Cast Shadows（投射阴影）项，在弹窗中选择 Create Absolute Override for Visible Layer（为可见层创建绝对覆盖）项，如图 5-47 所示。覆盖创建成功的标志是 Cast Shadows 字体会变成橙色 Cast Shadows 。同时，在渲染设置面板的 Collection: Light 集合层下也会自动创建出一个 aiCastShadows 节点。最后，我们取消勾选渲染设置面板右侧的 Ai Cast Shadows（智能投射阴影）项，使投射阴影的功能关闭，如图 5-48 所示。

Create Absolute Override for Visible Layer 的好处是它能仅针对该渲染层进行属性修改，而不会影响到其他渲染层。我们用此方法对道具层的阴影也进行同样的过滤。

注意：每次切换渲染层创建 aiCastShadows 节点前，一定要先选中该渲染层，使它的设置图层可见按钮处于蓝色的激活状态。

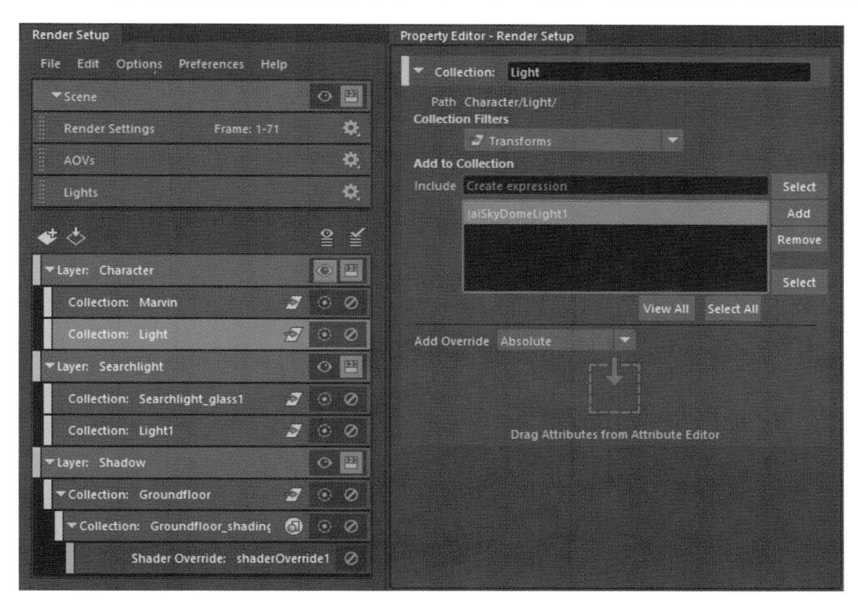

图 5-46

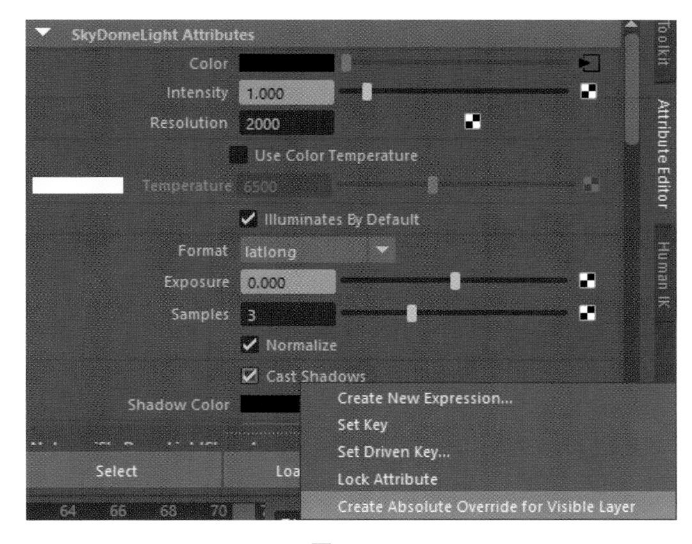

图 5-47

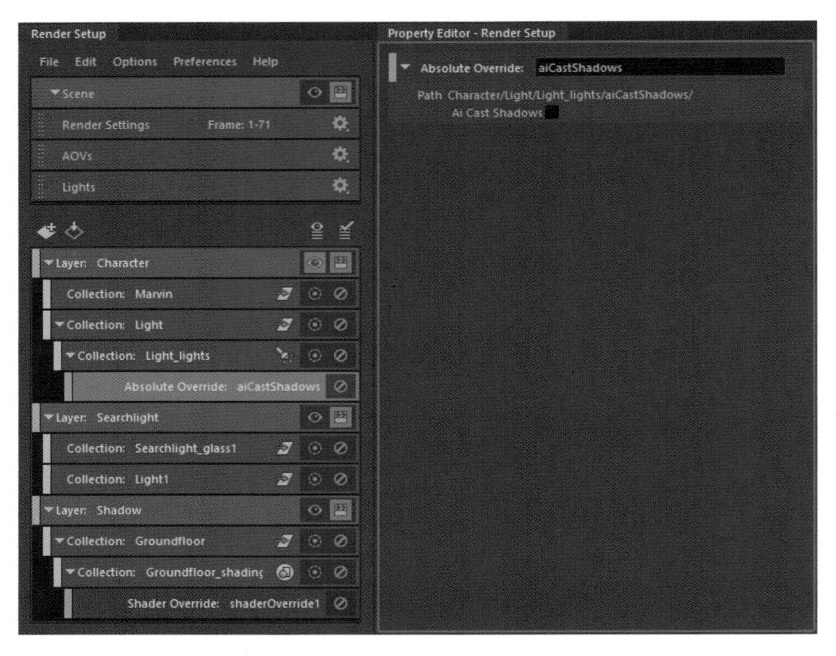

图 5-48

10. AO 贴图原理

AO 是 ambient occlusion 的缩写，即环境吸收或者环境光吸收。它的主要作用是为模型提供精确和平滑的阴影。AO 贴图不需要任何灯光照明，它以独特的计算方式吸收环境光，也就是同时吸收未被阻挡的光线和被阻挡的光线所产生的阴影，从而模拟全局照明的效果。它主要是通过改善阴影来实现模型更好的细节表现，尤其是在场景物体数量庞大而导致光线被阻挡产生照明不足时，AO 贴图的作用就更加明显。如图 5-49 所示，左侧角色未添加 AO 贴图，右侧角色添加了 AO 贴图，两者对比模型的阴影体积质感有了显著提升。

图 5-49

11. 设置 AO 层

现在，我们继续在渲染设置面板左侧创建新的一层渲染层，重命名为 AO。然后在 AO 渲染层下面创建 Collection: AOdetails 集合层，同时在面板右侧的集合框中添加角色模型、道具模型和地板模型。接着，用鼠标右键点击面板左侧的 Collection: AOdetails 集合层，在弹窗中选择 Create Shader Override（创建材质覆盖），如图 5-50 所示。再选中该材质覆盖层 shaderOverride2，点击面板右侧 Override Shader 后的按钮，在弹窗中选择 aiAmbientOcclusion（智能 AO）项。AO 层渲染后的效果如图 5-51 所示。

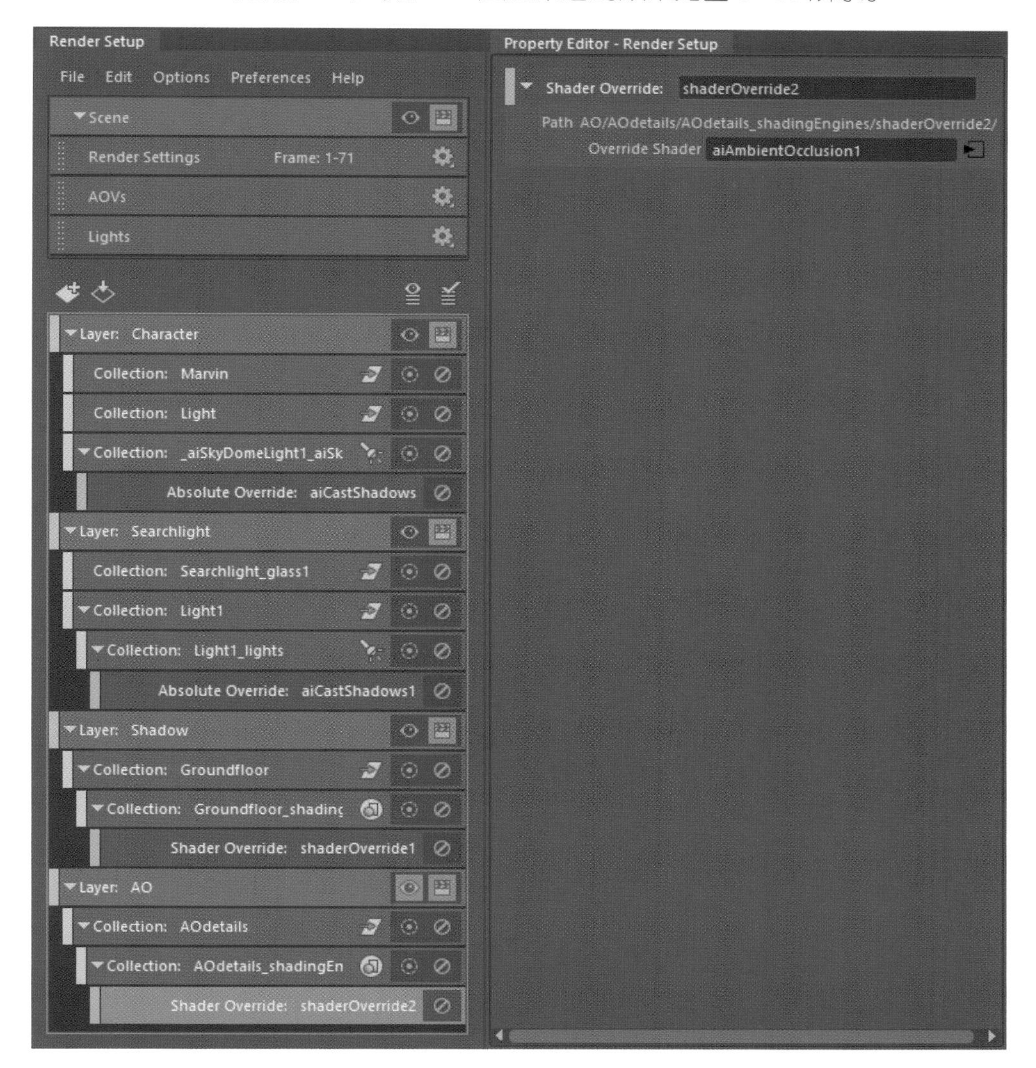

图 5-50

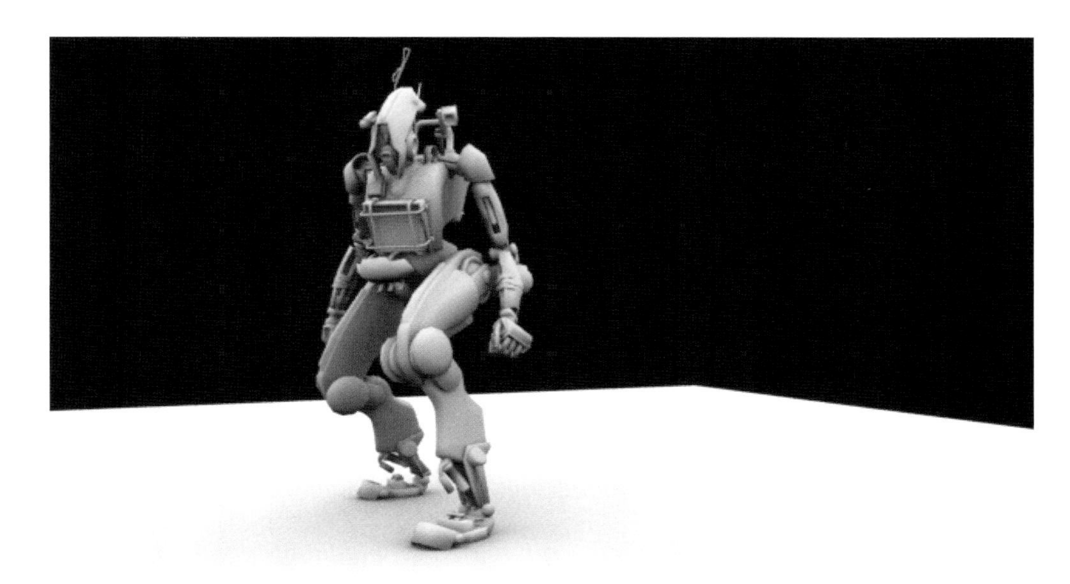

图 5-51

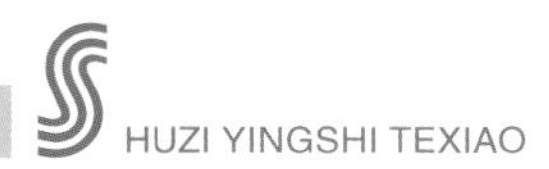

12. 设置输出参数

现在准备开始批量渲染场景中的角色层、道具层和阴影层。首先，我们在 Render Settings（渲染设置）窗口中，把板块切换到 Common（普通）。接着，在 File Output（文件输出）栏下面，右击 File name prefix（文件名称前缀）后的空格，在弹窗中选择 Insert layer name<RenderLayer>（插入图层名称 < 渲染图层 >），这样渲染的时候以渲染层的设置创建文件夹名称。之后在 <RenderLayer> 后面添加“/”，继续右击该空格，在弹窗中选择 Insert layer name<RenderLayer>，使不同的渲染文件夹内包含以渲染层命名的序列帧，完成的效果是 File name prefix: <RenderLayer>/<RenderLayer>；下一步，把 Image format（图片格式）设为 tif，这是因为 tif 带有 Alpha 通道；设置 Frame/Animation ext（帧 / 动画扩展名）为 name#.ext；Frame padding（帧填充）设为 3，使扩展名的数字呈现三位数排列。然后，在 Frame Range（帧范围）栏下，在 Start frame（开始帧）后填入 1，End frame（结束帧）后填入 71，By frame（递增帧）后输入 1，如图 5-52 所示。继续下拉，在 Renderable Cameras（可渲染摄像机）栏下的 Renderable Camera 项选择 Camera_1_1，去掉其他多余的摄像机，勾选 Alpha channel（Mask）（Alpha 通道遮罩）；同时，更改 Image Size（图片尺寸）为 HD_1080，使其匹配背景序列帧的大小，如图 5-53 所示。设置完成后，保存文件为 Marvin_render.mb。

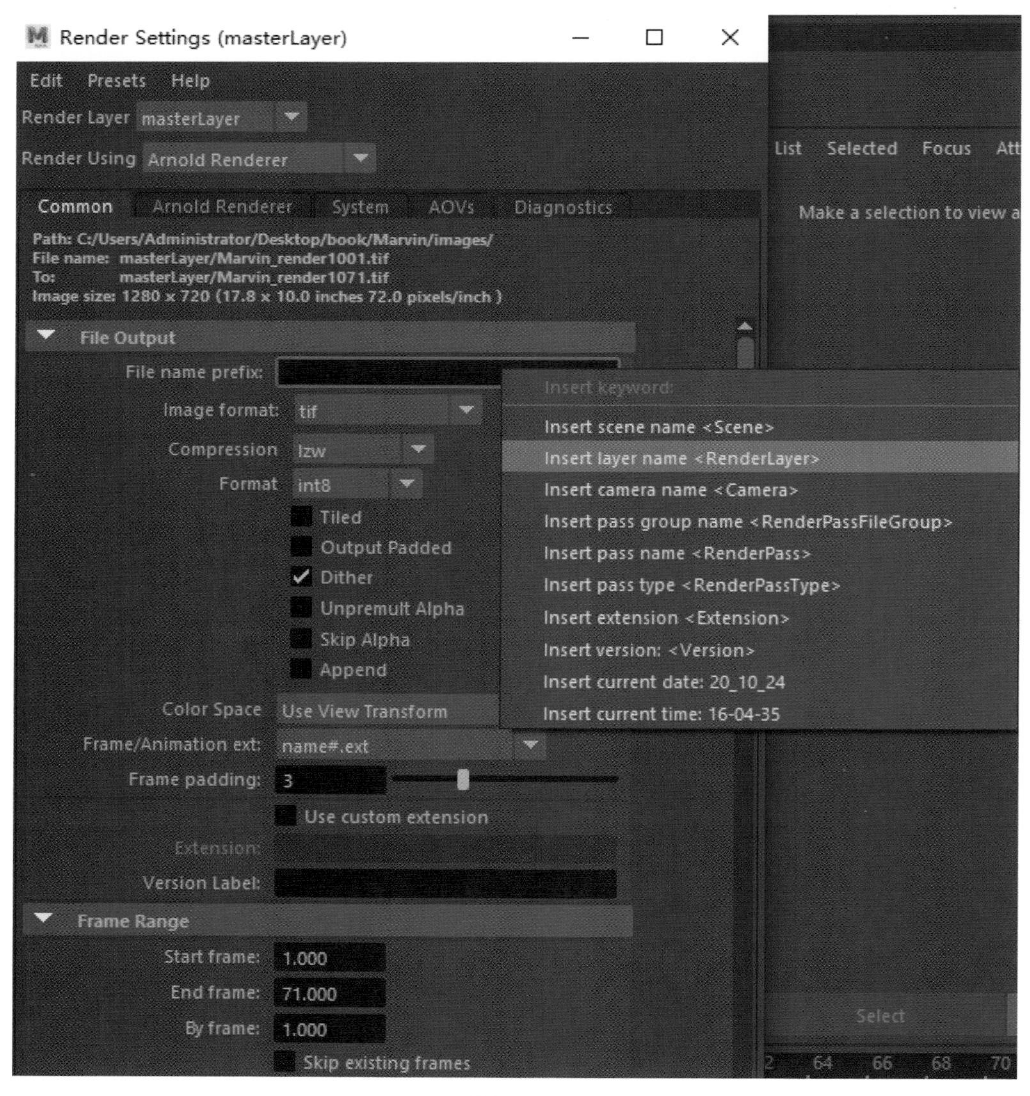

图 5-52

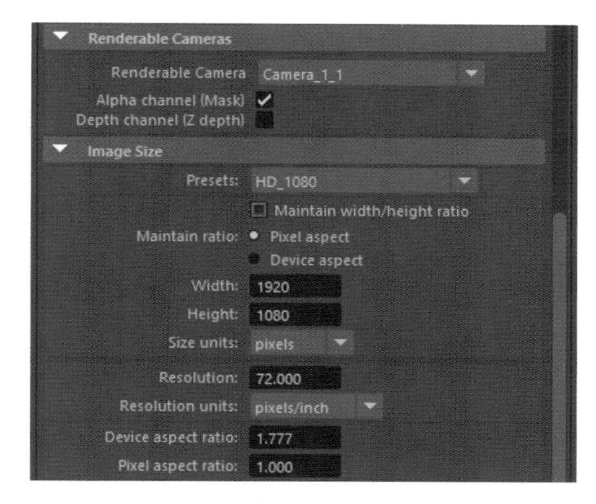

图 5-53

13. 启动批量渲染

在开始最终批量渲染之前，我们首先应确保 Arnold 具备渲染许可证。如果没有许可证，则批量渲染出的文件会出现 Arnold 字样的水印，还会影响后台渲染农场的使用。基于这种情况，我们首先启动渲染层的可渲染性，点击状态栏的渲染设置按钮，在打开的渲染设置面板中激活 Character、Searchlight、Shadow 和 AO 渲染层后的渲染按钮为蓝色，关闭 Scene 后的渲染按钮为灰色，如图 5-54 所示。接着，更改当前主界面到 Rendering 板块（见图 5-55），点击 Render（渲染）>Render Sequence（渲染序列帧）命令后的属性格，勾选下面的 All Render-Enabled Layers（所有被启动的渲染层），如图 5-56 所示。这样使 Maya 可以对刚才设置渲染的角色层、道具层、阴影层和 AO 层进行批量渲染，渲染后的文件会自动储存到项目文件夹的 images 文件夹下面，如图 5-57 所示。

图 5-54

图 5-55

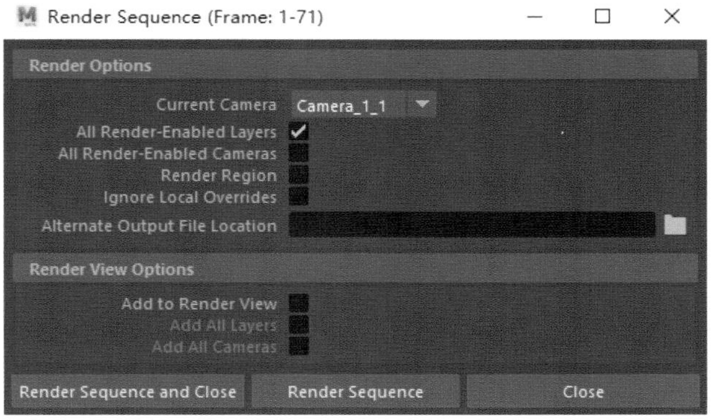

图 5-56

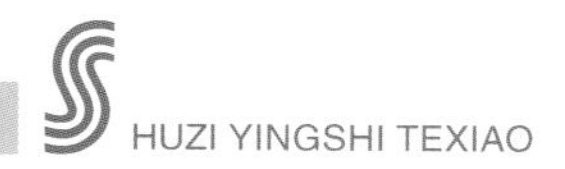

图 5-57

【内容总结】

本章主要讲解了环境光的创建、角色动画的导入、材质随背景的更改、分层渲染的创建和最终的批量输出设置。由于内容相对集中且步骤烦琐，渲染原理和分层渲染方法需要在课后结合相关的案例教学视频理解提高。另外，不同的背景视频素材对角色的材质要求不同，因此课后对材质纹理的学习也应该一同深入。

【课后作业】

（1）复习案例中涉及的灯光照明、材质修改和分层渲染的方法。

（2）使用之前的案例素材，继续完成角色在视频场景中的整合输出。

第六章

画面后期合成

【学习重点】

掌握渲染出的三维序列帧图层和实拍场景图层的叠加方式。

【学习难点】

追踪动态特征和空对象代理模式的应用。

一、后期合成概念

后期合成一般指将摄像机实拍素材或计算机渲染完成的影片素材进行再处理加工，使其达到以假乱真的完美效果（见图 6–1）。合成的类型包括静态合成、三维动态特效合成、音效合成、虚拟和现实的合成等。

图 6–1

影视后期制作中主流的特效软件和合成软件有：

■ 三维特效软件：Side Houdini、Autodesk Maya、Lightwave、Maxon Cinema 4D、Autodesk 3ds Max、RealFlow 等。

- 镜头跟踪软件：Boujou、Mocha、PFTrack、SynthEyes 等。
- 后期合成软件：Nuke（见图 6–2）、After Effects（见图 6–3）、Fusion（见图 6–4）、Flame 等。

图 6–2　图 6–3　图 6–4

合成好比是调整动态图片的艺术，特效合成师的一项重要技能是正确地整合各类元素并匹配它们的运动。为了实现这一目的，我们通常使用二维追踪、三维追踪或者摄像机追踪。所有的合成软件都有内置的追踪程序，当然也可通过第三方软件如 Boujou、Mocha、PFTrack 等来实现追踪。通过二维追踪一张图片，我们能在时间条上针对选中特征匹配出准确的位置；使用三维追踪或摄像机追踪来代替在场景中重建摄像机运动轨迹，能被用到后期合成中。另一个重要的合成工作是去掉多余的线条、绳索、摄像机机架、污点、图标等。合成是一项很有挑战的工作，例如颜色校正，不同的特效元素在被制作生成的初期各有差异，需要特效合成师大量的精力调整细节以保持色调的高度统一（见图 6–5）。

图 6–5

二、导入渲染图层

1. 导入背景层

启动 After Effects 软件，点击菜单栏的 File（文件）>Import（导入）>File（文件）命令，找到储存背景序列帧的文件夹，选中第一张 BG_01.jpg 图片，并且勾选 ImporterJPEG Sequence（导入 JPEG 序列）选项，最后点击 Import（导入）按钮导入背景视频，如图 6–6 所示。

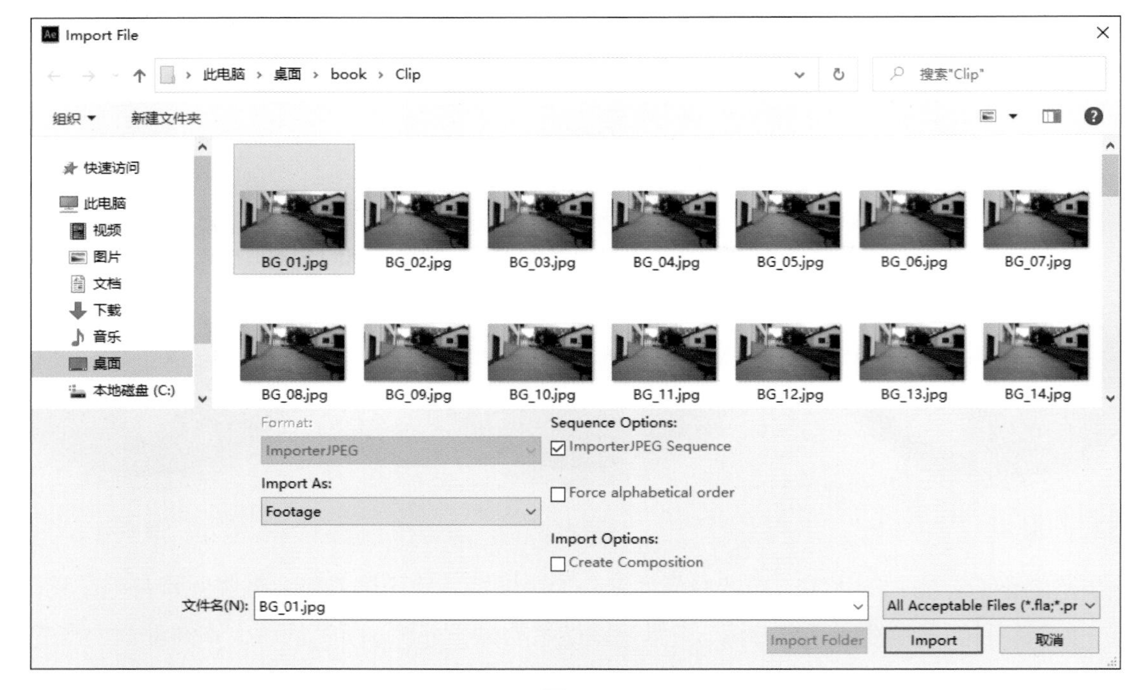

图 6–6

2. 导入角色层

继续使用 AE 软件菜单栏的 File（文件）>Import（导入）>File（文件）命令，或者直接按快捷键 Ctrl+I 启动导入功能，在 Import File（导入文件）弹窗中选择 Character_1001.tif 图片，勾选 TIFF Sequence 选项，再点击 Import 按钮导入角色层，如图 6–7 所示。接着，在弹出的 Interpret Footage（解释影片）窗口中，选择 Premultiplied–Matted With Color（预乘 – 用颜色进行遮罩）选项（见图 6–8），使 AE 软件对导入图片中角色的黑色背景进行自动过滤。

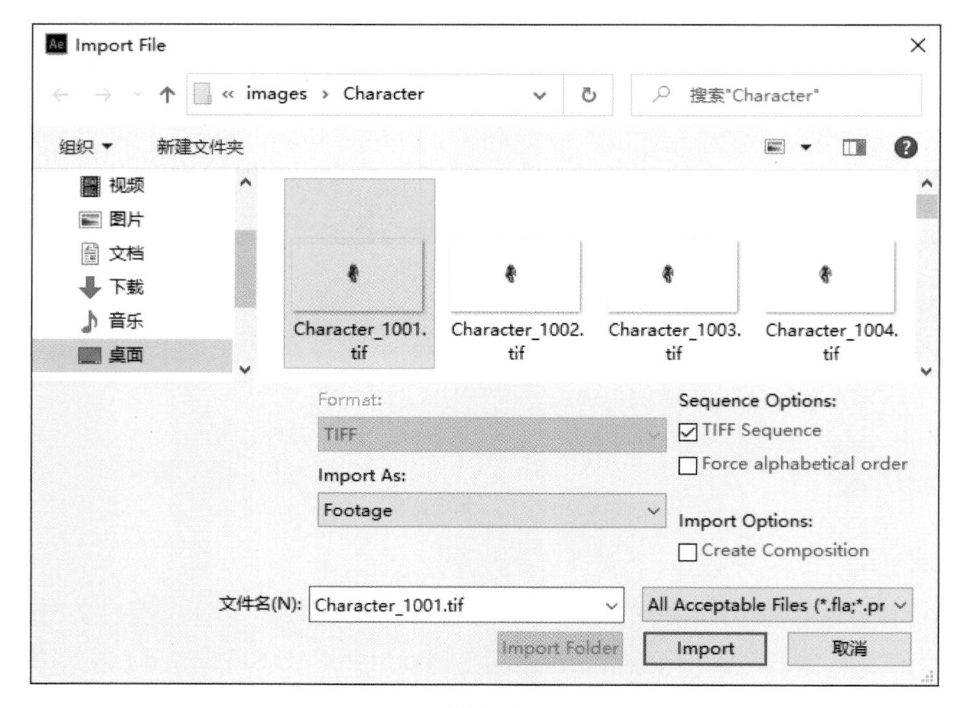

图 6–7

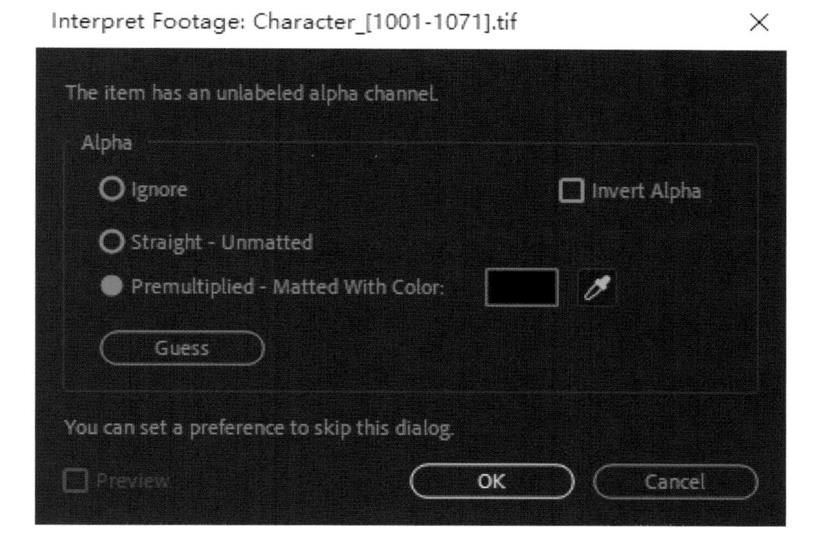

图 6-8

3. 导入其他层

使用上述方法，依次导入 AO 层、Shadow 层和 Searchlight 层，导入 AE 软件后的效果如图 6-9 所示。

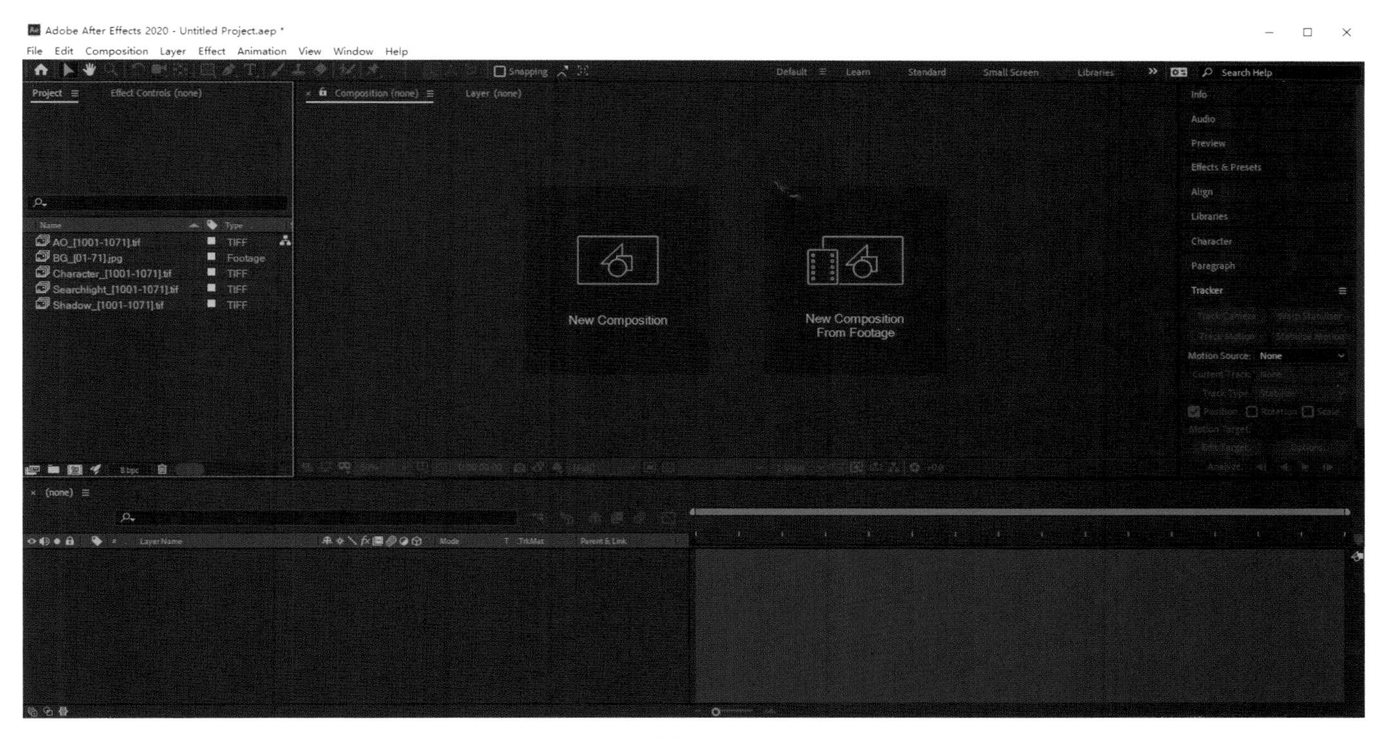

图 6-9

4. 调整播放帧率

我们在导入序列帧素材后，常会出现几组序列帧的帧率不统一的情况。假若此时遇到这种情况，拉宽项目窗口，查看 Frame Rate（帧率）的数值，如图 6-10 所示。针对需要调整帧率的素材，用鼠标右键点击，选择 Interpret Footage（解释影片）>Main（主要），在弹出的面板中修改 Frame Rate（帧率）下 Assume this frame rate：× × frames per second 的数值，如图 6-11 所示。

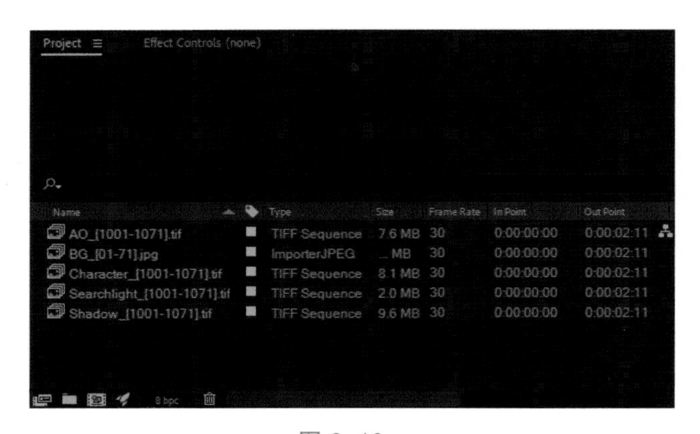

图 6–10

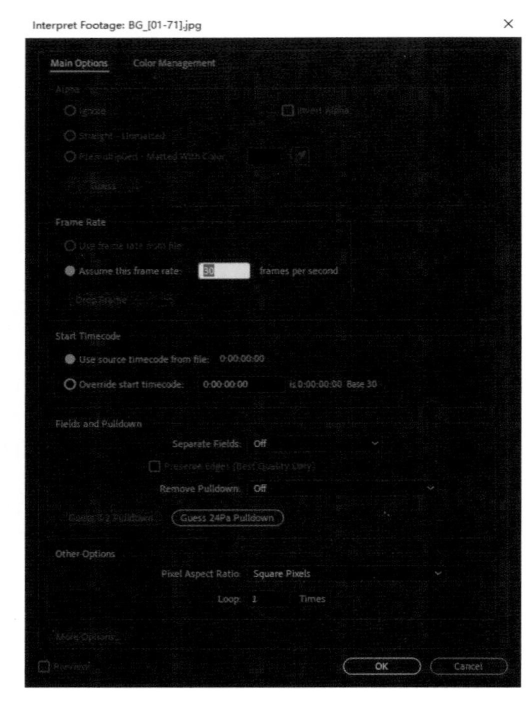

图 6–11

5. 创建合成窗

在 AE 软件中，使用鼠标右键选中 Project（项目）窗口中的 BG_[01–71].jpg 文件，在弹出的菜单中点击 New Comp from Selection（通过选中创建新的合成窗口）命令，如图 6–12 所示。这样，我们就在软件的操作区域生成了一个以 BG_[01–71].jpg 序列帧文件为背景的合成窗口，如图 6–13 所示。

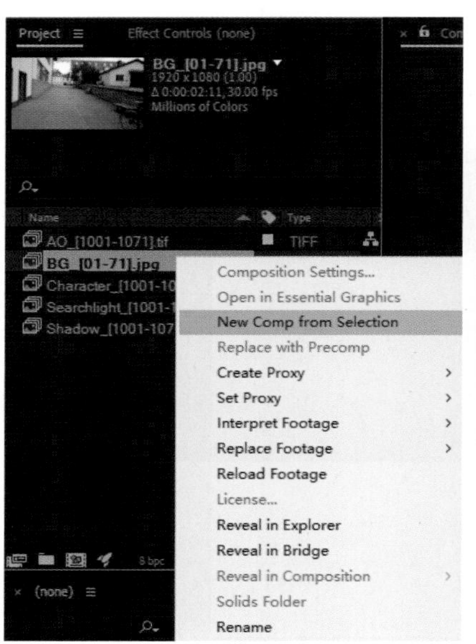

图 6–12

图 6–13

6. 添加角色层

选中项目窗口中的角色 Character_[1001–1071].tif 文件，向下拖拽到时间条左侧的 BG_[01–71].jpg 文件和 LayerName（图层名称）之间的缝隙（蓝色线条）处释放，使它同步添加到合成窗口中，如图 6–14 所示。

图 6–14

7. 预览合成窗

当我们用鼠标在时间条上来回拖动指针时，会发现合成窗中的视频出现方块状模糊效果，如图 6–15 所示。这是 AE 软件用降低像素显示质量的方法来提升预览流畅度。如果我们想关闭这种模糊预览效果，可以点击合成窗中的 Fast Previews（快速预览）按钮，在弹窗中把当前的 Adaptive Resolution（自适应分辨率）模式更改为 Off（Final Quality）关闭（最终质量）模式，如图 6–16 所示。

图 6–15

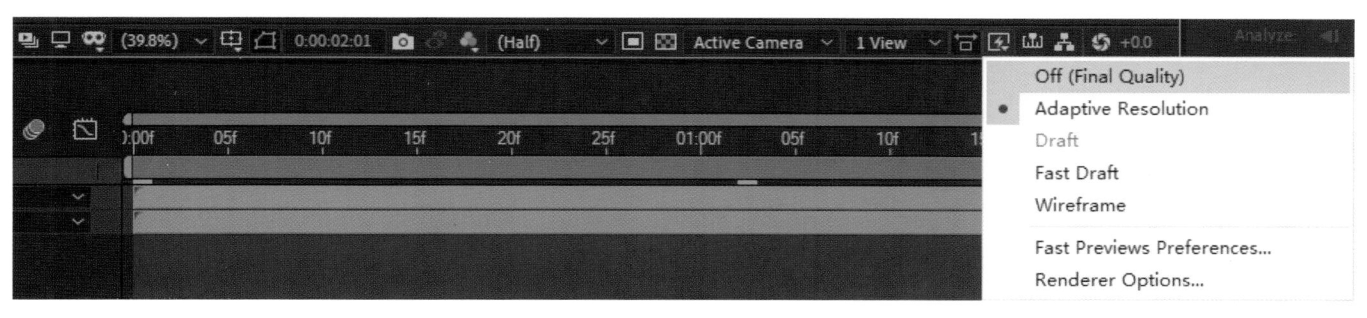

图 6–16

这时再拖动时间条上的指针，预览效果变得非常清晰，只是偶有卡顿。同时，我们也会注意到时间条中间出现断断续续的绿色线段，如图6-17所示，绿色线段代表AE软件对当前的预览效果已经进行了视频缓存处理。后面再播放到此处时，就不需要再做数学解算，播放也会更加流畅。所以，我们可以多来回拖拉几次时间条上的指针，使整个时间条上出现完整的绿色线段。当然，如果我们对画面做了一些小修改，这个绿色的线段又需要重新解算。

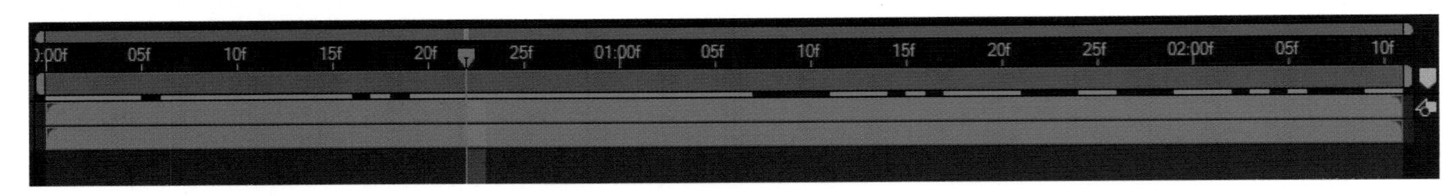

图 6-17

点击AE软件菜单栏的Window（窗口）>Preview（预览）命令，打开Preview面板，如图6-18所示。点击面板上的▶按钮是向后播放视频，快捷键是空格键；点击按钮是循环播放视频，再次点击此按钮，切换到按钮，是单次播放视频；勾选Cache Before Playback选项是在播放视频前先缓存预览数据，当后面时间条上的图层增多后，此功能对提高预览速度非常有用。

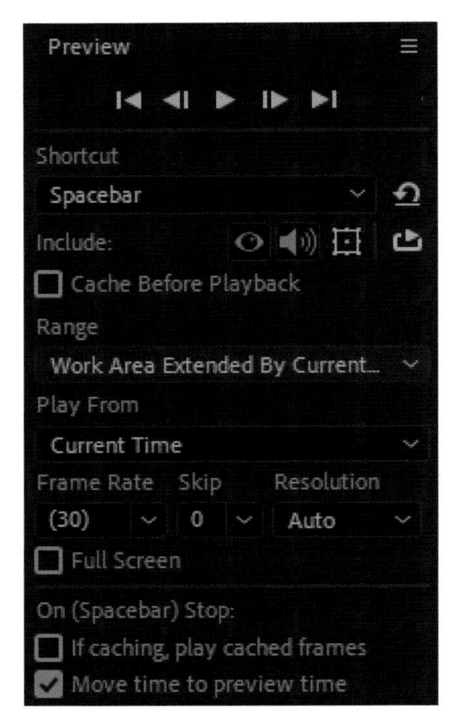

图 6-18

三、设置动态追踪

1. 调整视频显示

点击合成窗口中的Magnification ratio popup（最大化比例弹出）100%按钮，在弹窗中选择Fit（匹配），使窗口中视频的显示大小依据窗口的尺寸大小进行匹配，如图6-19所示。这样即使因调整界面而造成视口缩小，视频中的内容也能全部展现出来。

图 6-19

2. 追踪动态特征

在时间条中选中背景层 BG_[01-71].jpg 文件，点击菜单栏的 Window（窗口）>Tracker（追踪系统）命令，开启 Tracker 追踪系统面板。接着，点击 Tracker 面板中的 Track Motion（追踪动态）按钮，系统会自动在视口正中间生成一个 Track Point 1（追踪点 1），如图 6-20 所示。该追踪点将用于捕捉画面中某一特定位置的运动特征，使其成为序列帧运动路径的定位点。

图 6-20

3. 确定追踪点

在时间条上，把指针拖拉到最后一帧。此时查看合成窗口，发现角色双脚着地，如图 6-21 所示。为了固定角色双脚在地面的接触点位不变，我们必须将背景层中的Track Point 1也放置在此接触点位。这点非常重要！如果随意放置追踪点 Track Point 1，追踪到的运动路径在图像匹配时很有可能产生偏移。

接着，我们将操作区域中的 Composition BG 合成视口切换到 Layer BG_[01–71].jpg 视口，增大视口显示为 100%，然后调整追踪点 Track Point 1 的形状。该追踪点是由一个大方框、内置的一个小方框和最中心的小十字构成，如图 6–22 所示。外围的大方框是用于搜索该特征的大致运动区域，中间的小方框是帮助定位该特征的集中活动区域，而最中心的小十字是确定最终的特征定位点。由于镜头是沿纵深方向前推运动，因此，我们把定位点调整成长方形（见图 6–23），并将其放置在角色前面左脚中间的一个灰白色点位上。

图 6–21

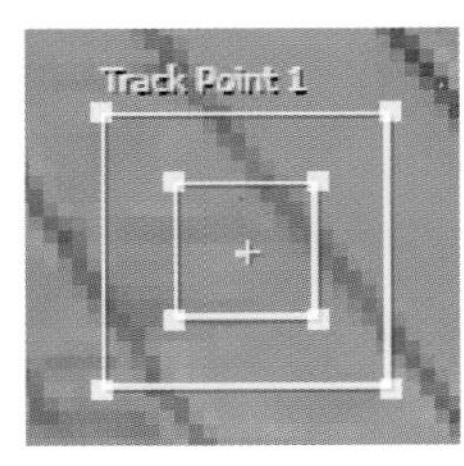

图 6–22

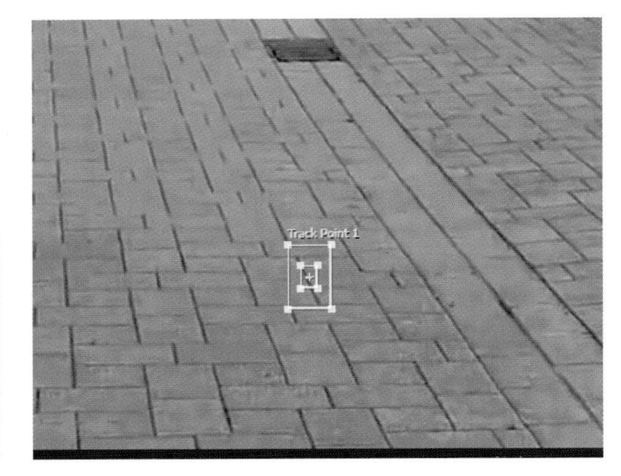

图 6–23

4. 生成追踪路径

基于当前处于时间条最后一帧的情况，我们利用刚才设置好的追踪点 Track Point 1，点击 Tracker 面板中的 Analyzed backward（反向分析）◀按钮，如图 6–24 所示。使软件对此处的定位点进行从第 71 帧到第 1 帧的反向运动路径分析，最终的效果如图 6–25 所示。

> 注意：如果在反向分析定位点的过程中，出现定位点突然跳位，生成抖动太过明显的运动曲线（见图 6–26），则需要重新选择更加独特的点进行定位，再次反向分析，以求解算到一条顺滑的运动路径曲线。

图 6–24

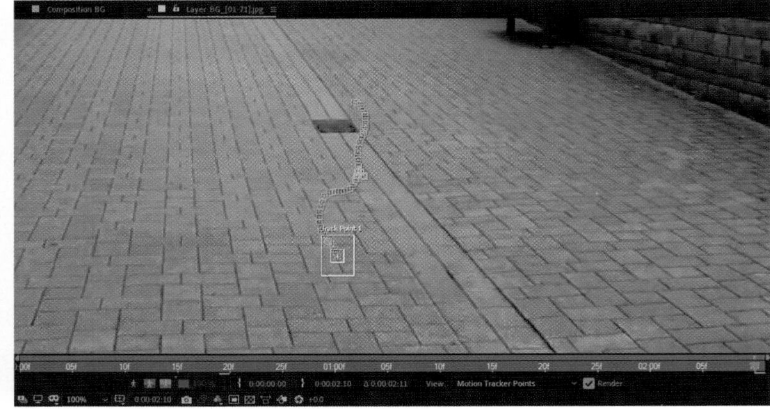
图 6–25

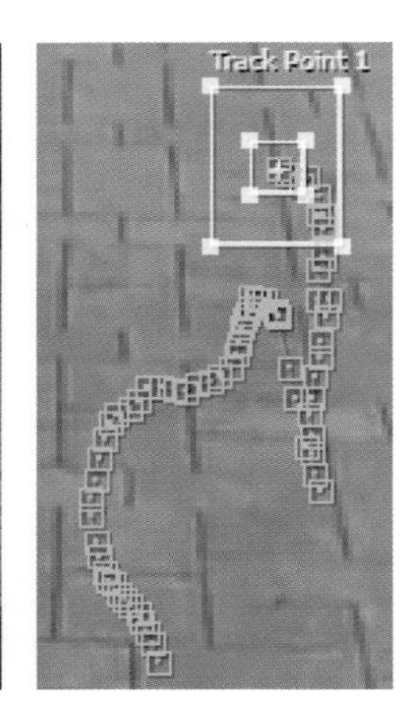

图 6–26

5. 创建空对象

为了使刚才路径上的运动数据传递到角色层上，我们需要创建一个虚拟物体进行背景层和角色层之间的运动数据代理。因此，点击菜单栏中的 Layer（图层）> New（新建）>Null Object（空对象）命令，在时间条上生成一个空对象。用鼠标右键点击该图层，在弹出的菜单中选择 Rename（重命名），将其更名为 Track

Marvin，如图 6–27 所示。

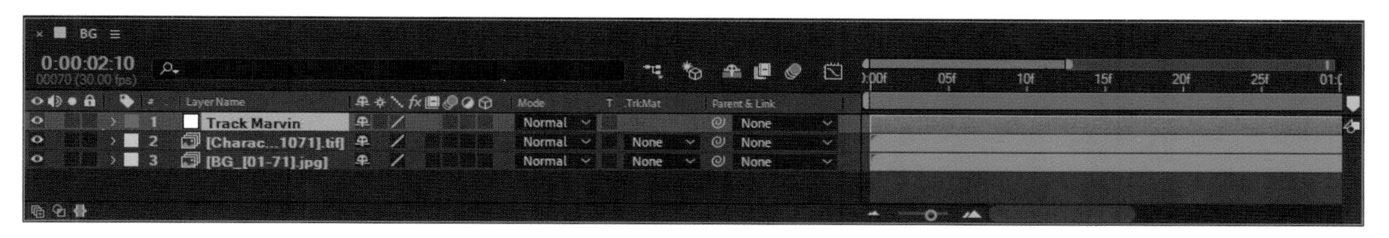

图 6–27

6. 设置追踪目标

继续保持指针处于时间条的最后一帧，选中 Track Marvin 这个空对象，将其在合成窗口中移动到 Track point 1 的起始位置，如图 6–28 所示。接着，点击 Tracker 面板下的 Edit Target（编辑目标）按钮，如图 6–29 所示。然后，在弹窗中选择 Track Marvin，如图 6–30 所示。最后，点击 Tracker 面板中的 Apply（应用）按钮，把 Track Marvin 这个空对象真正变成背景层中运动路径的追踪对象。

图 6–28

图 6–29

图 6–30

7. 链接父子关系

由于现在 Track Marvin 这个空对象已经具备了背景层的运动属性，我们选中时间条中的角色层 Character_[1001–1071].tif，点击 Parent Link（父子链接）栏的下拉箭头，选择 Track Marvin（见图 6–31），使角色层成为 Track Marvin 空对象的子层级，其运动也受该空对象的影响。

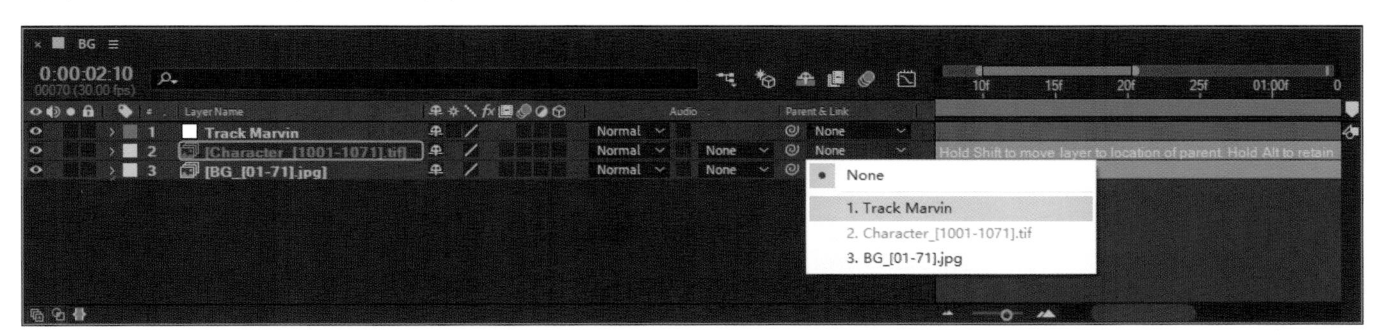

图 6–31

四、匹配动静图像

1. 调整角色层时间段

播放时间条上的整个视频，发现角色的双脚从第 46 ～ 71 帧已经可以很好地固定在地面上。但是，背景层中运动数据的传递导致角色层中的角色在第 1 ～ 45 帧所处的位置远远高于 Maya 中设置的位置。图 6–32 所示是当前角色在第 1 帧的效果。因此，我们将时间条上的指针移动到第 46 帧，并将角色层 Character_[1001–1071].tif 的前端长度缩短至此。然后，再次从项目窗口中拖拉 Character_[1001–1071].tif 文件到时间条左侧释放，缩短视频后端长度，使其变成 1 ～ 46 帧，如图 6–33 所示。

> 注意：对于第二次拖拉到时间条上的角色层，我们并不为它添加背景层的运动路径数据。这样，它可以成为独立的个体进行位置编辑。

图 6–32

图 6–33

2. 匹配角色层图像

此时，我们把时间条上的指针设置到第 46 帧，该帧是角色左脚刚接触地面的关键时刻。当前画面效果如图 6–34 所示，合成窗口中有两个高低重叠的角色。因此，这里我们选中没有添加运动路径数据的 1 ～ 46 帧的角色层，通过键盘中的上下左右箭头移动角色位置，使它和添加了运动路径数据的 46 ～ 71 帧的角色层中角色完全重叠，如图 6–35 所示。最后，我们将该 1 ～ 46 帧的角色层的时间长度缩短成 1 ～ 45 帧，如图 6–36 所示，使整个角色动画从开始到结束形成连贯顺畅的运动效果。

图 6–34

图 6–35

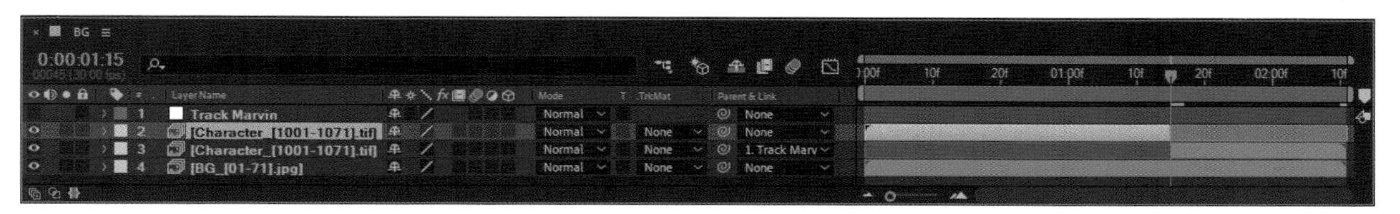

图 6–36

3. 匹配阴影图像

按照上述的图层设置方法，将项目窗口中的阴影层 Shadow_[1001–1071].tif 分两次拖拽到时间条左侧的角色层上释放。然后，把时间条的指针设置到最后一帧，仅将 46 ~ 71 帧的阴影层的 Parent Link（父子链接）设置为 Track Marvin，使它也能和 46 ~ 71 帧的角色层匹配上相同的运动轨迹。最后，分别更改 1 ~ 45 帧和 46 ~ 71 帧的阴影层的 Mode（模式）为 Multiply（叠加），并展开 Transform 栏，调整 Opacity（不透明度）到 60%，降低阴影的浓度，如图 6–37 所示。这样，未添加阴影和添加了阴影的对比效果如图 6–38 和图 6–39 所示，除角色本身有了阴影细节外，角色和地面的阴影贴合效果变得更加真实。

图 6–37

图 6–38

图 6–39

4. 匹配 AO 层

继续按照阴影层的叠加方法，将项目窗口中的 AO_[1001-1071].tif 分两次拖拽到时间条左侧的阴影层上释放。同样在时间条的指针处于最后一帧时，将 46 ~ 71 帧的 AO 层的 Parent Link（父子链接）设置为 Track Marvin。这里唯一不同的是，AO 层的 Mode（模式）是采用 Darker Color（更深颜色），如图 6-40 所示。此时，未添加 AO 和添加了 AO 的对比效果如图 6-41 和图 6-42 所示，添加 AO 层能使角色身上较隐蔽的部位（胸和腰中间交接处、大腿顶端内侧）呈现出更多的明暗层次变化。

图 6-40

图 6-41

图 6-42

5. 匹配道具层

我们继续把项目窗口中的 Searchlight_[1001-1071].tif 分两次拖拽到时间条左侧的 AO 层上释放。此时，把时间条的指针拖到最后一帧，将 46 ~ 71 帧的 Searchlight 层的 Parent Link（父子链接）设置为 Track Marvin，并将它们的 Mode（模式）设为 Hard Mix（硬融合），如图 6-43 所示。对比 Normal（普通）叠加效果和 Hard Mix（硬融合）的叠加效果，探照灯的亮度明显增强，如图 6-44 和图 6-45 所示。

图 6-43

图 6-44

图 6-45

6. 添加发光特效

执行菜单栏的 Window（窗口）>Effects & Presets（特效和预制）命令，打开特效设置面板。在面板中搜索 Glow（发光）特效，如图 6-46 所示。两次用鼠标左键将 Stylize（风格化）下的 Glow 分别拖拽到时间条左侧的 1 ~ 45 帧和 46 ~ 71 帧的 Searchlight_[1001-1071].tif 上释放。然后在界面左上角设置 Glow 特效的属性，把 Glow Threshold（发光阈值）更改为 100.0%，把 Glow Radius（发光半径）修改为 20.0，将 Glow Operation（发光模式）更改为 Multiply（叠加），如图 6-47 所示。点击属性面板中的 fx 按钮，可以查看合成窗口中在添加特效前和添加特效后的对比情况。另外，如果想在此亮度的基础上，继续增加发光强度，可以把特效和预制面板中的 Glow 再次拖拽到时间条的两个 Searchlight_[1001-1071].tif 上释放，无须修改任何参数。未添加 Glow、添加一次 Glow 和添加两次 Glow 的发光效果对比如图 6-48 所示。

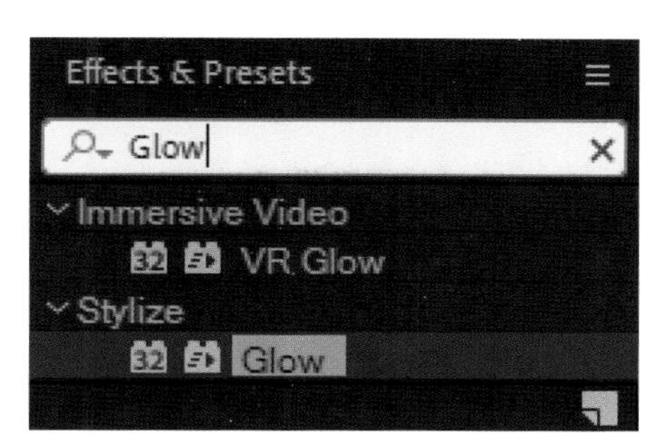

图 6-46

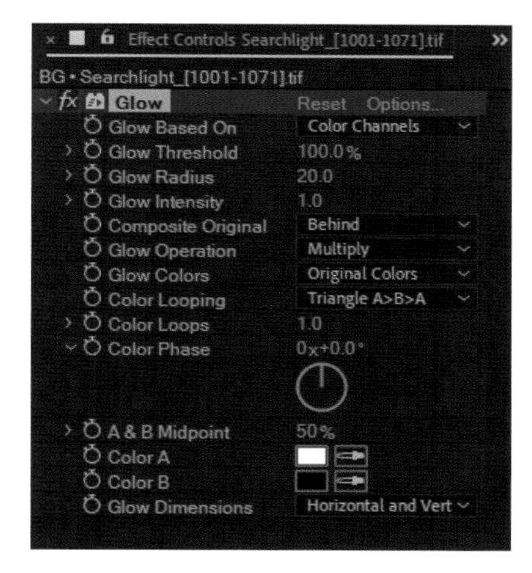

图 6-47

图 6-48

7. 设置特效关键帧

为了制作探照灯从关闭到点亮的特效动画，我们需要为它的可见性设置关键帧。具体做法是在时间条上选中 1 ~ 45 帧的 Searchlight_[1001-1071].tif，点击时间条左侧的 按钮，展开它的属性栏，把 Opacity 的数值设为 0%，使它隐藏。然后，选中 46 ~ 71 帧的 Searchlight_[1001-1071].tif，把时间条上的指针拖拉至第 18 帧，修改 Opacity 后的蓝色参数为 0%，点击 Opacity 前的关键帧 按钮，设置第一个关键帧。接着，把指针拖拉至第 35 帧，修改 Opacity 后的蓝色参数为 100%，按回车键生成第二个关键帧，如图 6-49 所示。这样从第 18 帧到第 35 帧，就出现了一段探照灯逐渐点亮到强烈发光的动画。

图 6–49

【内容总结】

本章主要讲解了如何在 AE 软件中整合 Maya 渲染出的不同序列帧图层。其中，重点讲解了运动镜头和运动角色的空间匹配问题，尤其是如何处理角色从运动到突然静止站立时出现的脚步与地面贴合的技术难题。掌握这个解决方法，对于今后的合成作品创作大有益处。另外，不同图层根据其自身属性设置特定的叠加模式，也是大家可以进行大胆尝试的环节。

【课后作业】

（1）复习案例中追踪动态特征的方法和图层叠加的使用技巧。

（2）结合自己创作的小短片，进行角色和场景的追踪匹配。

第七章

元素特效添加

【学习重点】

了解不同图形元素的合成方法和技巧。

【学习难点】

掌握各类图形要素的提取方式、遮罩的使用和辉光特效合成技法。

一、添加地坑元素

1. 整合图层文件

目前，我们在时间条上有较多的图层，不便于后面的选择和编辑。因此，我们可以把有关 Marvin 的角色层、阴影层、道具层、AO 层和空对象追踪层整合在一起。具体做法是：先选中最上面的空对象追踪层 Track Marvin，按住 Shift 键选择最下面的角色层 Character_[1001–1071].tif，如图 7–1 所示。然后点击鼠标右键，在弹出的菜单中选择 Pre-compose（预合成）命令，在新弹窗中输入 Marvin，点 OK 键，如图 7–2 所示，使其整合为一个预合成文件。这样，时间条上的多层文件就变成了一层的 Marvin 预合成文件，如图 7–3 所示。

注意：如果不小心移动了视口中的图像位置，按 Ctrl+Alt+F 键可使其还原到初始位置。

#	Layer Name
1	Track Marvin
2	[Searchlight_[1001-1071].tif
3	[Searchlight_[1001-1071].tif
4	[AO_[1001-1071].tif]
5	[AO_[1001-1071].tif]
6	[Shadow_[1001-1071].tif]
7	[Shadow_[1001-1071].tif]
8	[Character_[1001-1071].tif]
9	[Character_[1001-1071].tif]
10	[BG_[01-71].jpg]

图 7–1

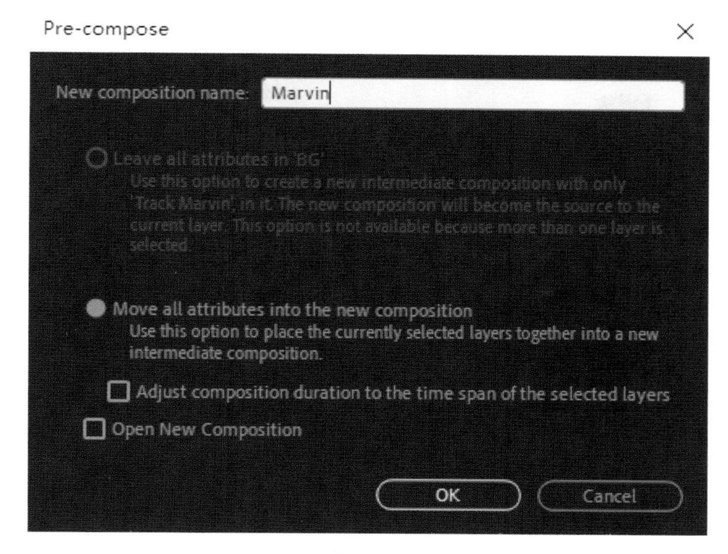

图 7-2

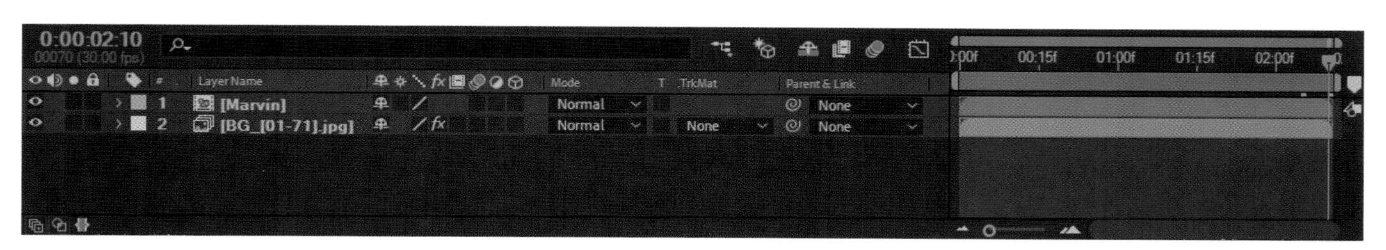

图 7-3

2. 分析摄像机运动

为了使作品的画面更加丰富，可以在现有场景中增加一个地面凹陷的坑洞。因为该坑洞会随着摄像机的纵深运动产生逐步放大的透视变形，所以我们需要先分析摄像机的运动路径。点击 AE 菜单栏的 Window（窗口）> Tracker（追踪器）命令，打开追踪器面板。此时选中时间条上的背景层 BG_[01-71].jpg，点击 Tracker 面板下的 Track Camera（追踪摄像机）按钮（见图 7-4），系统会对背景图层进行摄像机的运动路径分析，寻找最优的定位点。解算完成后，点击时间条上 BG 栏下的 3D Camera Tracker（见图 7-5），效果如图 7-6 所示。

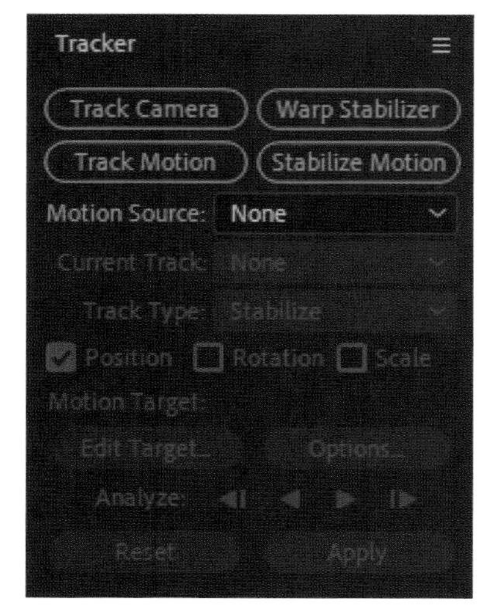

图 7-4

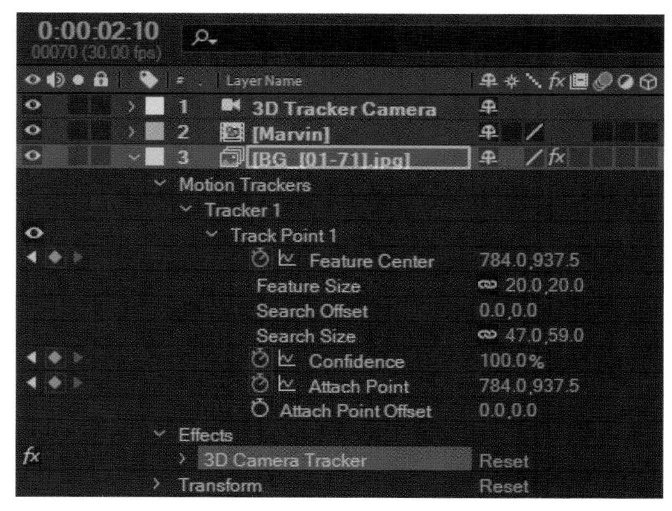

图 7-5

图 7-6

3. 创建地平面和原点

当把鼠标放在视口中来回移动时，会出现不断变化位置的红色圆盘，这是用于定位摄像机追踪平面的。现在，我们把时间设置到最后一帧，用鼠标在背景视图中框选街道中后侧的三个定位点，生成一个红色圆盘。接着，用鼠标右键点击圆盘中心，在弹出的菜单中选择 Set Ground Plane and Origin（设置地平面和原点）命令，如图 7-7 所示。

图 7-7

4. 创建空对象和摄像机

继续在图 7-7 中的红色圆盘上，用鼠标右键点击圆盘中心，在弹出的菜单中选择 Create Null and Camera

（创建空对象和摄像机）命令。这样，系统不仅会生成一个用于信息传递的空对象，还会生成一个三维追踪摄像机。为了更好地调整空对象的位置和视角，我们先将时间条上的 Track Null 1 重命名为 Track Hole。接着，点开 Track Hole 栏，增大它下面 Transform 的 Scale（缩放）数值，视图中会出现逐步放大的红色方框，如图 7-8 所示。

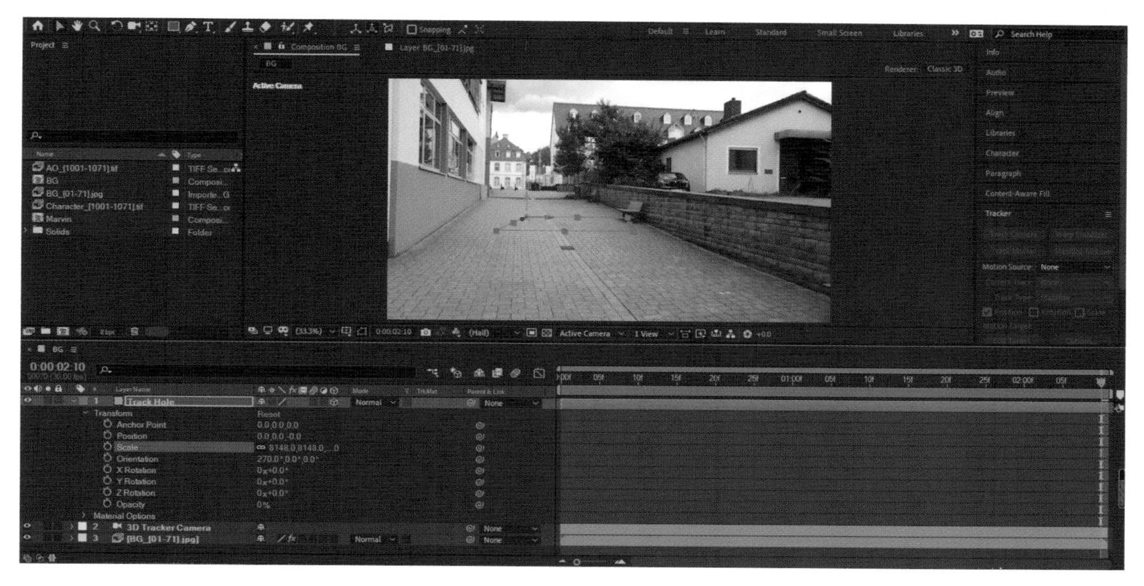

图 7-8

5. 空对象运动原理

把视口中的 Active Camera（激活摄像机）切换为 Custom View 1（自定义视图 1），如图 7-9 所示。接着使用工具栏中的摄像机按钮，调整视图以显示出空对象和摄像机，按快捷键 C 可以使摄像机在旋转、平移和缩放模式间来回切换。调整完成后，使用箭头按钮选中视口中的摄像机，能看到一条摄像机的运动路径线，如图 7-10 所示。实际上，在解算完成后，空对象是静止不变的，相反是摄像机在运动，所以空对象在画面中产生了相对运动变化。

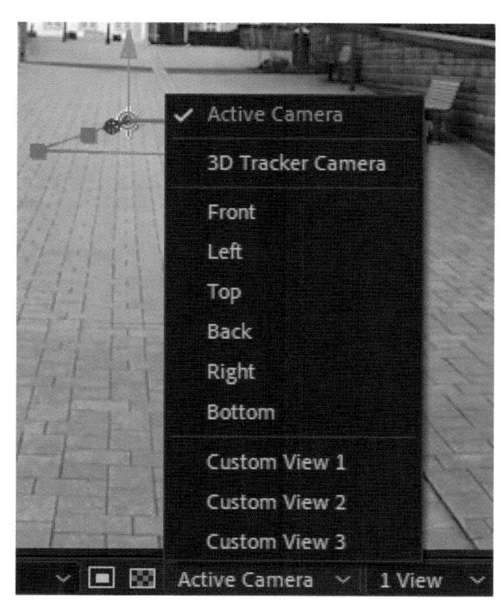

图 7-9

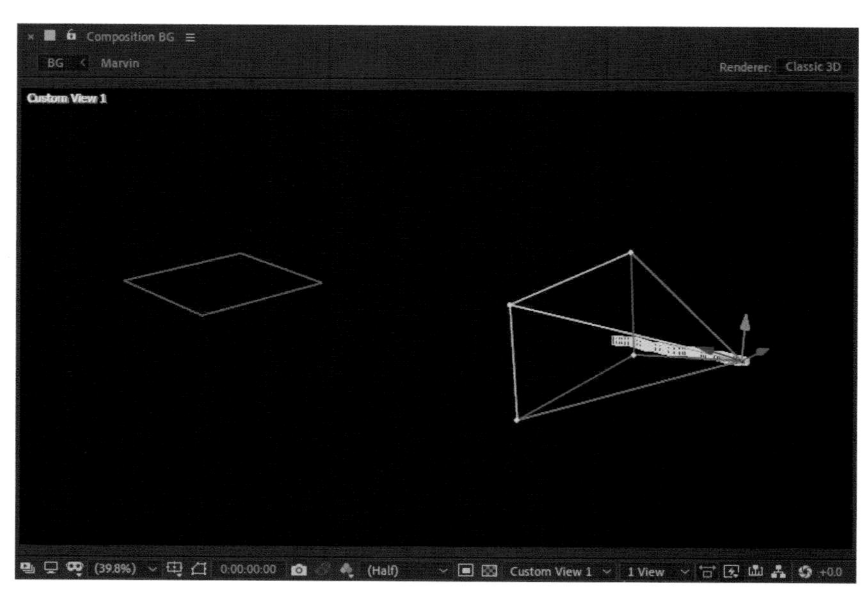

图 7-10

6. 编辑空对象

将视口切换回 Active Camera（激活摄像机）视角，选中时间条上的 Track Hole 栏，使用工具栏上的旋转按钮，围绕空对象坐标旋转空对象的红色方框，使它和街道地面的透视角度更好地匹配，如图 7-11 所示。

图 7-11

7. 导入地坑素材

执行菜单栏的 File（文件）> Import（导入）> File（文件）命令，导入一张名为“SinkHole.jpg”的图片，将它拖拽到时间条左侧的 LayerName（层名称）下释放。接着使用工具栏上的钢笔工具，在视口中围绕 SinkHole.jpg 图片的洞口边缘绘制一圈路径线。这样，路径线外面的区域将被自动遮罩起来，完成后的效果如图 7-12 所示。

注意：使用钢笔工具绘制路径时，直接点击一下后松开鼠标按键是生成一个尖锐转角；若是点击一下后不松开鼠标按键可拖拉出一个圆滑角控制器，有利于绘制顺畅的路径。

图 7-12

8. 调整地坑边缘

此时的地坑边缘非常生硬，和背景街道在匹配时会显得比较突兀。因此，我们点击工具栏中的钢笔工具，在它的下拉列表中选中遮罩羽毛工具（见图 7–13），用它在刚才的黄色路径上增加一些遮罩羽毛固定点，并向外拖动这些固定点，拉出一圈黄色虚线，这样就产生了地坑边缘羽化的效果，如图 7–14 所示。如果发现边界羽化范围太宽，并不满意，我们可以配合使用钢笔工具和遮罩羽毛工具，向内收缩地坑的黄色实线和黄色虚线，形成更加自然的地坑边缘。

图 7–13

图 7–14

9. 匹配地坑素材

在时间条上点开 SinkHole.jpg 栏的三维层按钮。然后，展开 Track Hole 栏，把它下面 Transform 中的 Position（位置）和 Orientation（旋转）数值，按快捷键 Ctrl+C 和 Ctrl+V，复制粘贴给 SinkHole.jpg 栏。紧接着，展开 SinkHole.jpg 栏，调整 Transform 下 Scale（缩放）的数值，或者直接拖拉视图中空对象的灰色长方形边框，使地坑的尺寸变大一些。还可以使用工具栏中的旋转按钮，轻微旋转地坑图片的透视角度，使地坑左侧内部的纵向线条和街道中的砖块延长线保持一致，效果如图 7–15 所示。

图 7–15

10. 调整地坑颜色

此时的地坑颜色和背景还很难融合。执行菜单栏的 Window（窗口）> Effects & Presets（特效和预制）

命令，打开特效和预制面板，在其中搜索 level（色阶），如图 7–16 所示。把 Levels（Individual Controls）（色阶个别控制）特效拖拽到时间条上的 SinkHole.jpg 栏释放，接着在软件左上角的特效控制窗口中调整 Gamma（伽马）、Red Gamma（红色伽马）、Green Gamma（绿色伽马）、Blue Gamma（蓝色伽马）的数值并左右拖拉 Histogram（直方图）中的小箭头（见图 7–17），使 SinkHole.jpg 图片的色调和明暗度更加匹配背景街道的颜色，如图 7–18 所示。

Effects & Presets
level
Color Correction
Auto Levels
Levels
Levels (Individual Controls)

图 7–16

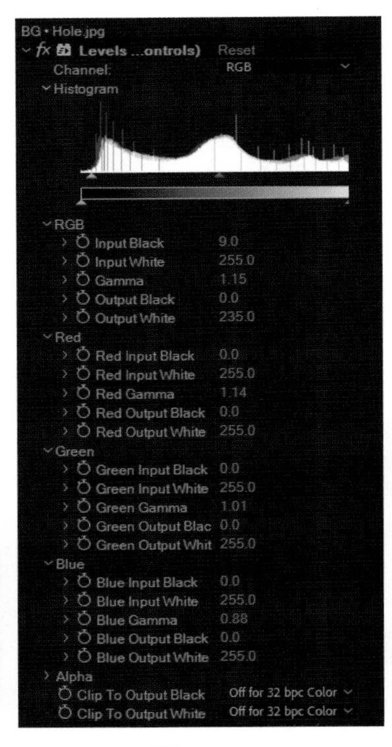

图 7–17

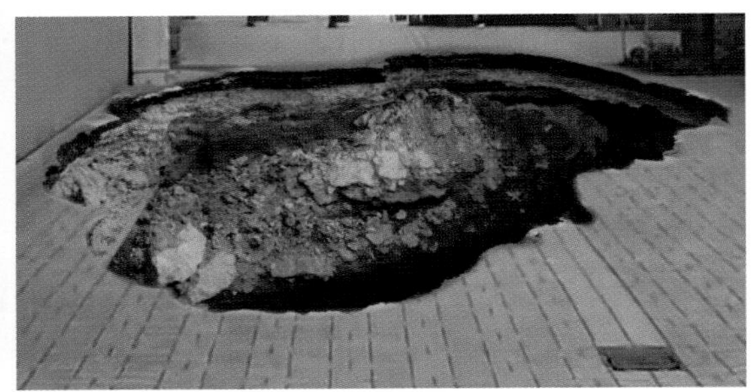

图 7–18

二、添加飞船元素

1. 制作飞船素材

我们将使用到一张带有 Alpha 通道的飞船图片，便于在 AE 中提取出飞船模型。首先，在 PS 软件中打开飞船图片，接着双击“背景”图层，在弹出的“新建图层”窗口中点“确定”按钮（见图 7–19），使背景图层解锁。然后，利用魔棒工具，选择并删除飞船周围的白色区域，这样处理后出现的白色棋盘格代表透明的背景，效果如图 7–20 所示。紧接着，按快捷键 Shift+Ctrl+I 反选刚才的选择区域，如图 7–21 所示。再通过点击通道面板下的添加图层蒙版按钮，为选中的区域创建一个 Alpha 通道，如图 7–22 所示。最后，将当前图片另存为 TIFF 或 TARGA 格式的图像文件。

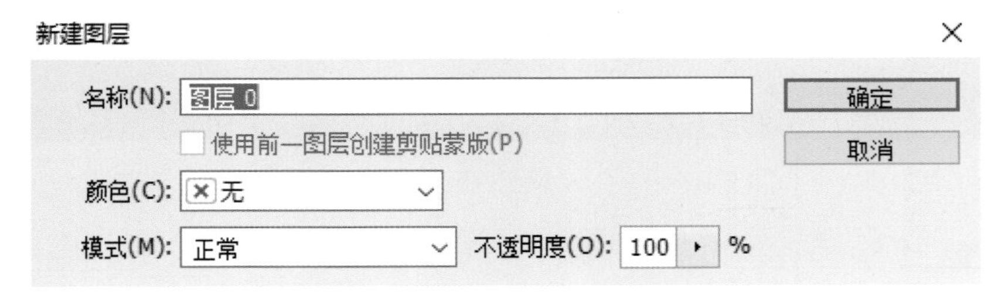

图 7–19

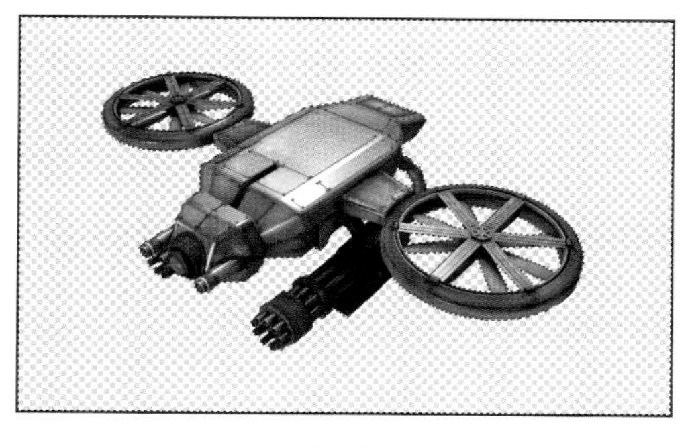

图 7-20

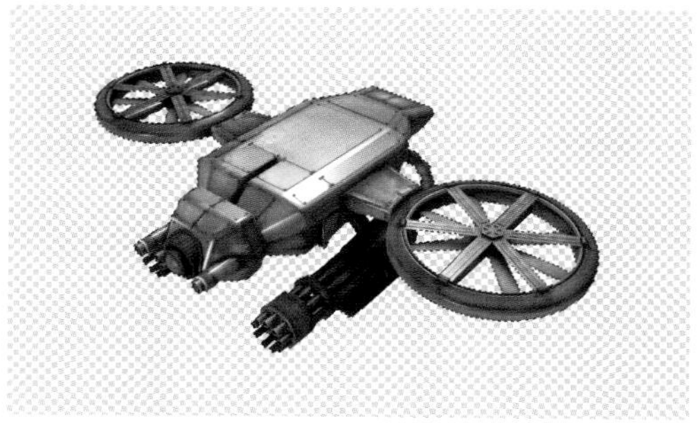

图 7-21

图 7-22

2. 添加飞船素材

执行菜单栏的 File（文件）> Import（导入）> File（文件）命令，导入一个名为“AlienShip.tif”的图片文件，在弹窗中选择 Premultiplied – Matted With Color 选项，如图 7-23 所示。由于这是一张带有 Alpha 通道的图片，所以在将它拖拽到时间条上释放后，它的黑色背景会被自动过滤，如图 7-24 所示。

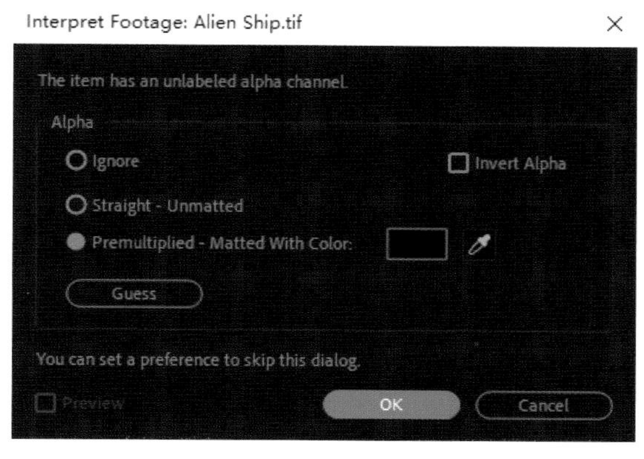

图 7-23

图 7-24

3. 修整素材边缘

当前 AlienShip.tif 图片中飞船的轮廓边缘有一圈白色线条（见图 7-25），非常影响美观。这里点击菜单栏的 Window(窗口)> Effects & Presets(特效和预制)命令，打开特效和预制窗口，在其中搜索 Simple Choker(简单清除)，如图 7-26 所示。然后，将 Matte 下的 Simple Choker（简单清除）特效拖拽到时间条上的 AlienShip.tif 栏释放，调整软件界面左上角特效控制面板中 Choke Matte（清除遮片）的数值到 2，如图 7-27 所示。调整完成后的效果如图 7-28 所示。

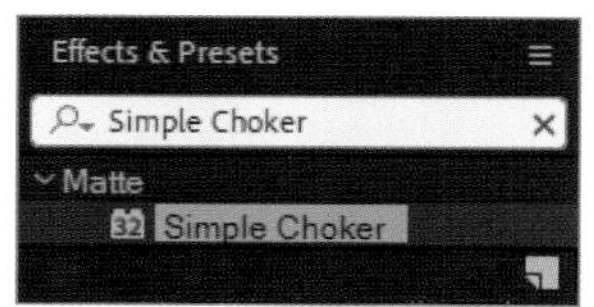

图 7-26

图 7-25

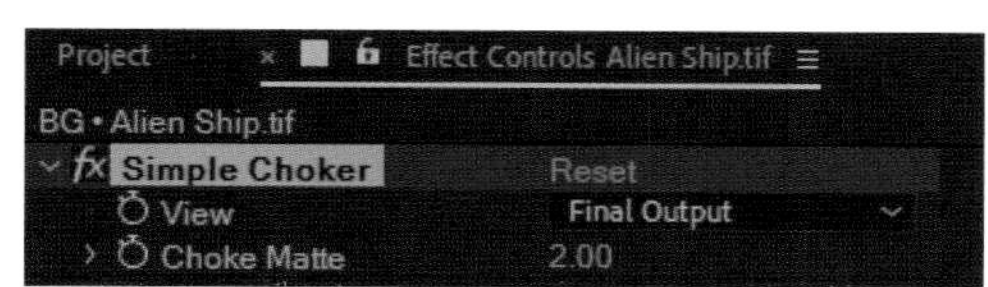

图 7-27

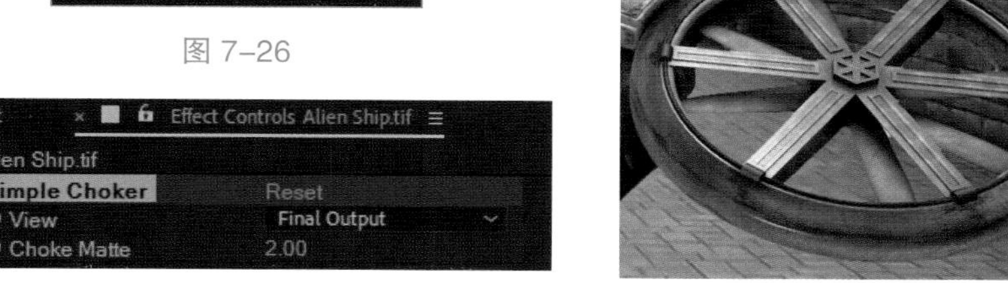

图 7-28

4. 追踪飞船位置

为了制造出飞船一直陷入地坑的效果，我们去往时间条的最后一帧，缩小并适当旋转飞船的角度，如图 7-29 所示。此时播放视频，飞船并不能跟随镜头一起运动。因此，为了将飞船固定到对应的地坑上，这里将利用上文提到的追踪地坑的方法来实现。首先，选中 Track Hole 栏中 Transform 下的 Position（位置）和 Orientation（旋转），按快捷键 Ctrl+C 复制它的数值。接着按快捷键 Ctrl+V 粘贴到 AlienShip.tif 栏。如果这样发现 AlienShip.tif 图片飞掉，马上开启时间条上 AlienShip.tif 栏的三维层按钮。然后，适当调整 AlienShip.tif 栏中 Transform 下 Scale（缩放）的数值，使它接近于追踪定位之前的大小，如图 7-30 所示。

图 7-29

图 7-30

5. 调整飞船入坑

为了方便看到地坑的边缘线，我们降低时间条上 AlienShip.tif 栏中 Transform 下 Opacity（不透明）的数值到 30%，利用工具栏中的钢笔工具和遮罩羽毛工具，沿着地坑边缘，绘制出一圈带有羽化边缘的遮罩路径，如图 7-31 所示。完成后，恢复飞船的 Opacity（不透明）到 100%，使它完全可见，如图 7-32 所示。

图 7-31

图 7-32

三、添加碎石元素

1. 添加碎石素材

在场景中导入"Rubble1""Rubble2""Rubble3"和"Rubble4"四张碎石图片素材。注意，导入的时候不能勾选 ImporterJPEG Sequence 项，避免将这几张单独的图片连成一串序列帧。我们分别把四张碎石图片拖拽到时间条上释放。为了去掉它们的白色背景，可以在 Effects & Presets（特效和预制）面板中搜索 Linear（见图 7–33），将搜索到的 Linear Color Key（线性颜色键）特效分四次拖拽到时间条上的四张碎石图片上释放。接着在软件左上角的 Effect Controls（特效控制）面板中，使用吸管工具，吸取素材上碎石周围的白色区域（见图 7–34），使这些白色区域变透明，效果如图 7–35 所示。

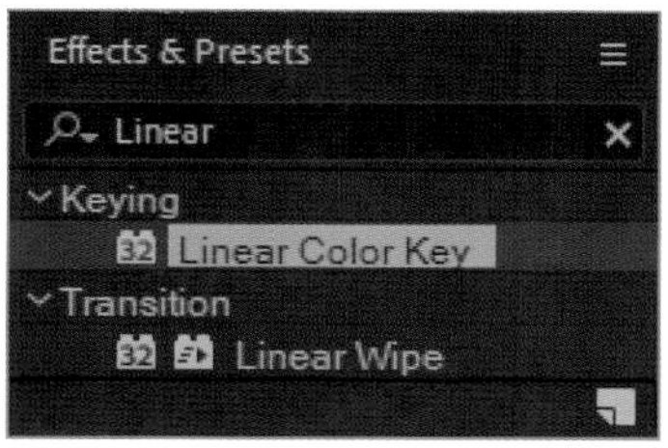

图 7–33

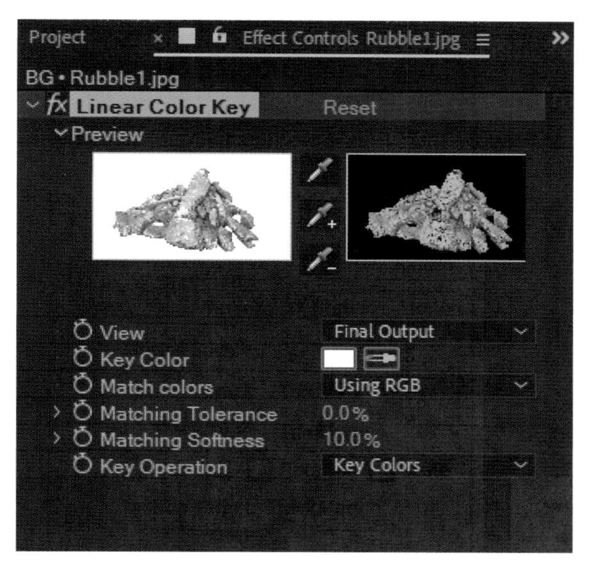

图 7–34

图 7–35

2. 调整碎石效果

通过分别调整时间条上四个碎石图片栏中 Transform 下的 Position（位置）、Scale（缩放）、Rotation（旋转）的数值（见图 7–36），可以使这些碎石更好地堆积到地坑的周围，并且预留出一定的空间位置给机器人 Marvin。另外，适当调整四张碎石图片在时间条上的上下叠加位置，以使它们出现在飞船的前面、侧面以及机器人 Marvin 的后面，效果如图 7–37 所示。

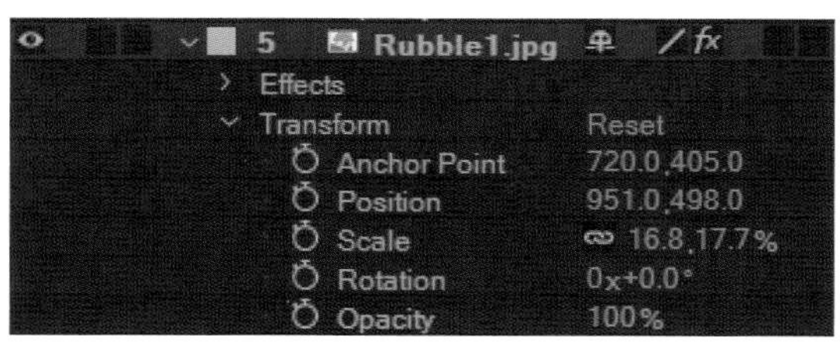

图 7–36

图 7–37

3. 追踪碎石位置

此时的四张碎石图片并不能跟随视口角度的变化发生位移。我们需要分别把 Track Hole 栏中 Transform 下的 Position（位置）和 Orientation（旋转）的数值，复制粘贴到时间条上 Rubble1.jpg、Rubble2.jpg、Rubble3.jpg 和 Rubble4.jpg 栏上，并同步开启这四条碎石图片栏的三维层按钮。再次调整它们的 Position（位置）、Scale（缩放）和 Rotation（旋转）的数值，然后播放视频，碎石和地坑产生了同步的位移匹配效果，如图 7–38 所示。

4. 调整碎石颜色

由于不同的碎石素材自带不同的色彩和色调，很难和地面统一。此时，我们通过菜单栏的 Window（窗口）> Effects & Presets（特效和预制）命令，打开特效和预制面板，在其中搜索 Level（色阶），如图 7–39 所示。接着把搜索到的 Levels（Individual Controls）（色阶个别控制）特效分别拖拽到时间条上的 Rubble1.jpg、Rubble2.jpg、Rubble3.jpg 和 Rubble4.jpg 栏上释放，接着在软件左上角的 Effect Controls（特效控制）窗口中调整 Gamma（伽马）、Red Gamma（红色伽马）、Green Gamma（绿色伽马）、Blue Gamma（蓝色伽马）的数值并左右拖拉 Histogram（直方图）中的小箭头，如图 7–40 所示。最终使四张碎石图片的效果更加匹配背景街道的颜色，如图 7–41 所示。

图 7–38

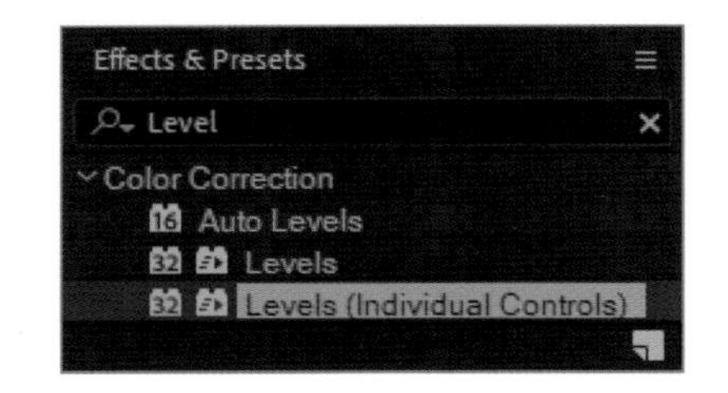

图 7–39

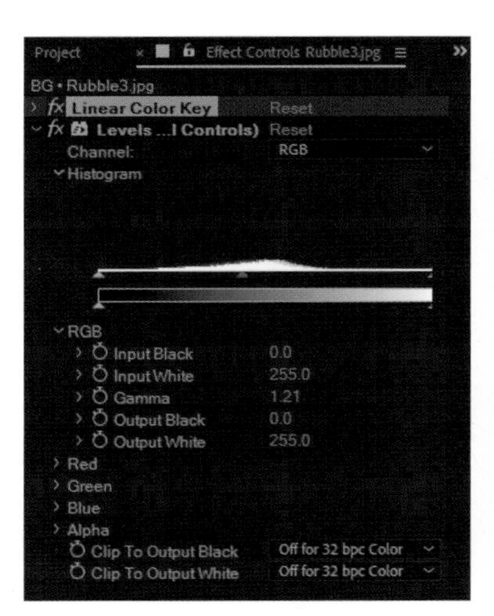

图 7–40

图 7–41

5. 调整碎石边缘

仔细观察视口中最前面的碎石堆，它的边界上还有一圈白边，影响了它与地面的融合程度。因此，我们在 Effects & Presets（特效和预制）面板中搜索 Matte（见图 7-42），将搜索到的 Matte Choker（蒙版清除）特效拖拽到时间条的 Rubble3.jpg 栏释放，瞬间碎石堆的白边不见了，前后对比效果如图 7-43 所示。如果还想提高碎石堆边缘的内收程度，可在 Effect Controls（特效控制）面板中增大 Matte Choker 下 Choke 1（清除 1）的数值，如图 7-44 所示。

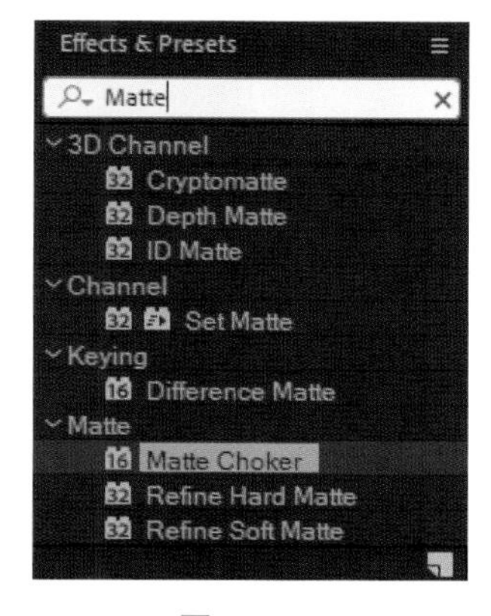

图 7-42

图 7-43

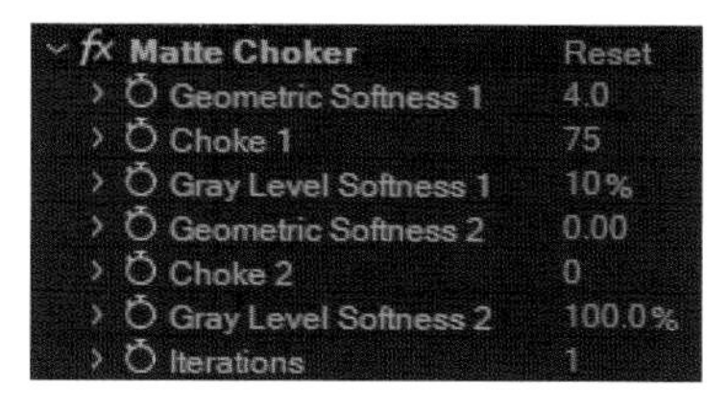

图 7-44

四、添加火焰元素

1. 添加火焰素材

执行菜单栏的 File（文件）>Import（导入）>File（文件）命令，导入“Flames.mov”视频素材。这段火焰素材同样具备可以被 AE 软件直接过滤掉的黑色背景。我们拖拽该素材到时间条左侧释放，视口中的效果如图 7-45 所示。下一步，采用固定碎石元素的方法来追踪火焰位置。分别按快捷键 Ctrl+C 和 Ctrl+V，复制 Track Hole 栏中 Transform 下的 Position（位置）和 Orientation（旋转）的数值，粘贴到 Flames.mov 栏，效果如图 7-46 所示。注意，一定要同时开启 Flames.mov 栏的三维层按钮，使它的透视角度和 Track Hole 保持三维透视匹配。

图 7-45

图 7-46

2. 调整火焰层次

现在单层的火焰并不能和背景中的爆炸特效产生较好的融合，我们可以先选中“Flames.mov”栏，接着通过按快捷键 Ctrl+D 四次，复制出四层同样的火焰，分别把它们放置于“Rubble2”“Rubble1”和“Rubble3”

碎石堆的前面和后面，调整碎石的大小、位置和火焰间的叠放层次。对于碎石堆前面的火焰，我们还可以选中它后，在视口中点击鼠标右键，在弹出的菜单中选择 Transform（变形）> Flip Horizontal（水平翻转）命令，对该层火焰进行水平翻转，增大它与后面火焰的差异，效果如图 7–47 所示。

图 7–47

3. 修整火焰边缘

图 7–47 中的火焰边缘非常生硬，有明显的边界线。这时，可以调用工具栏中的钢笔工具，针对不同图层的火焰，添加相应的遮罩。例如：针对多余部位的火焰绘制两个闭环式遮罩，如图 7–48 所示。接着将时间条中 Flames.mov 栏下 Mask 1 和 Mask 2 中的 Add（增加）切换为 Subtract（减去），以反转遮罩区域，随后增大 Mask Feather（遮罩羽化）的数值使火焰的边缘更加柔和，如图 7–49 所示。这样，该火焰图层仅保留了地坑中和碎石后的部分区域，如图 7–50 所示。

图 7–48

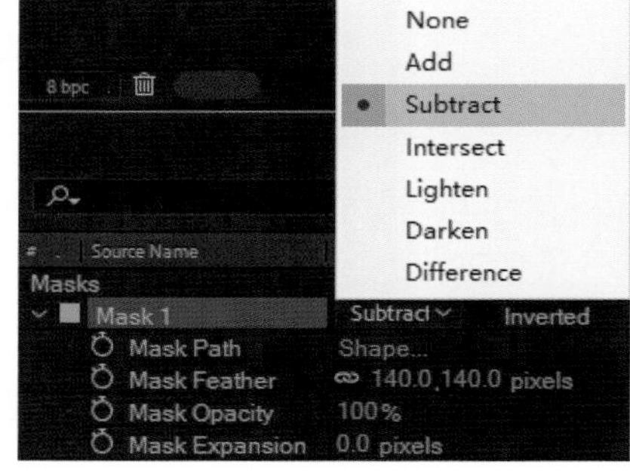

图 7–49

图 7–50

用此方法对其余的三层火焰也进行类似的处理。针对碎石堆前面的火焰，在绘制遮罩前可以先在时间条上降低该层的 Opacity 数值，使它呈半透明显示，以便更好地勾勒火焰和碎石相接的边界线，如图 7–51 所示。最后恢复它的 Opacity 到 100% 并适当增加它的 Mask Feather（遮罩羽化）值，完成后的效果如图 7–52 所示。

图 7–51

图 7–52

五、添加爆炸元素

1. 制作爆炸特效

为了使背景场面更加火爆，我们为场景添加爆炸特效。这里选用了一段背景为黑色的爆炸视频。点击菜单栏的 File（文件）>Import（导入）>File（文件）命令，导入“Explosion.mov”视频素材，软件会自动过滤视频中的黑色背景。选中该视频素材，将它拖动到时间条左边释放，视口中出现的画面如图 7–53 所示。接着，采用追踪飞船的方法来追踪爆炸火焰。分别按快捷键 Ctrl+C 和 Ctrl+V，复制 Track Hole 栏中 Transform 下的 Position（位置）和 Orientation（旋转）的数值，粘贴到 Explosion.mov 栏，效果如图 7–54 所示。接着开启 Explosion.mov 栏的三维层按钮。下一步，增大 Explosion.mov 栏中 Transform 下 Scale 的数值，使火焰变大，并适当调整火焰的高度，上下调整该图层在时间条上的叠放顺序，使爆炸初始点落于碎石堆后面和地坑中心的位置，这样最后一帧的视频效果如图 7–55 所示。

图 7–53

图 7–54

图 7–55

2. 控制爆炸范围

我们播放视频时发现爆炸产生的火焰会在某些时间段冲击到机器人 Marvin，如图 7–56 所示。因此，这里需要对这些多余的火焰进行删除。选中时间条上的 Explosion.mov 栏，使用工具栏中的钢笔工具，对视口中不该出现的火焰区域绘制闭环式遮罩，完成后把时间条上 Explosion.mov 栏中遮罩的 Add（增加）更改为 Subtract（减去），并增加遮罩下 Mask Feather（遮罩羽化）的数值以柔和火焰边缘，修改后的效果如图 7–57 所示。

注意：如果操作过程中不想看到遮罩的边缘线，可点击视口窗中的遮罩形状路径按钮进行关闭。

图 7-56

图 7-57

3. 调整爆炸的颜色

此时爆炸火焰相对碎石堆中的火焰偏白，为了增强火焰的饱和度，在 Effects & Presets（特效和预制）窗口中搜索 balance（平衡）（见图 7-58），把搜索到的 Color Balance（HLS）特效拖拽到时间条的 Explosion.mov 栏中释放。接着，到软件左上角的 Effect Controls（特效控制）面板中增大 Saturation（饱和度）的值，如图 7-59 所示。前后爆炸火焰的对比效果如图 7-60 和图 7-61 所示。

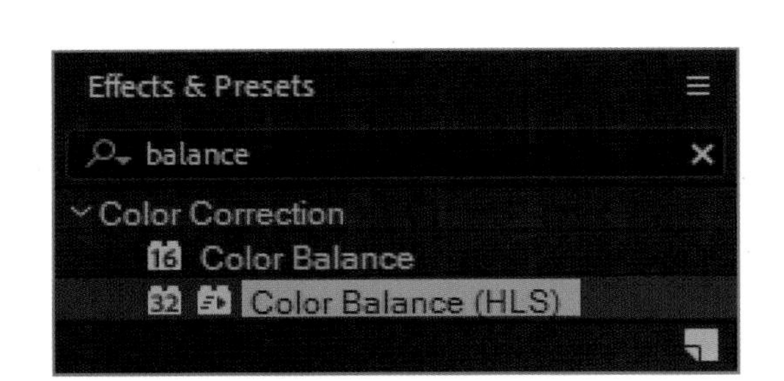

图 7-58

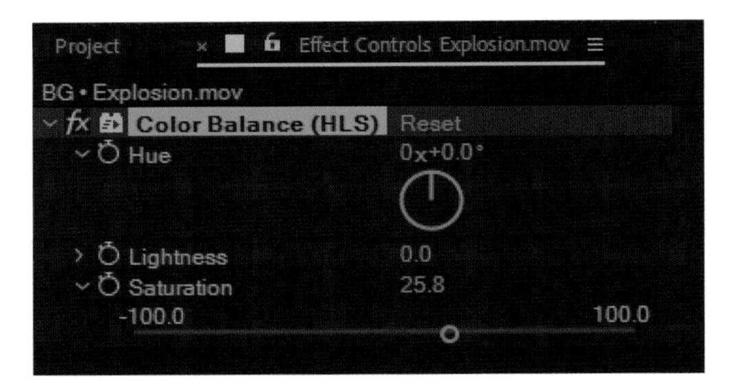

图 7-59

图 7-60

图 7-61

六、添加辉光元素

1. 添加辉光特效

画面的真实感是作品质量的保证，这里继续为机器人 Marvin 的探照灯添加辉光特效。首先，点击菜单栏的 Layer（图层）>New（新建）>Adjustment Layer（调整层）命令，为整个画面创建一个调整层。用鼠标右击时间条上的该调整层，在弹出菜单中选择 Rename（重命名），把它更名为 Lens Flare，如图 7-62 所示。接着，打开 Effects & Presets（特效和预制）面板，在其中搜索 Flare（辉光）特效，如图 7-63 所示。将搜索到的 Lens Flare（镜头辉光）特效拖拽到时间条上的 Lens Flare 调整层上释放，这样视口在最后一帧时出现了耀眼的辉光，如图 7-64 所示。为了将该辉光匹配到探照灯中心位置，我们点击界面左上角 Effect Controls（特效控制）窗口中的辉光中心定位按钮，接着在视口中点击探照灯中心位置（见图 7-65）。完成辉光定位调整后的效果如图 7-66 所示。

图 7-62

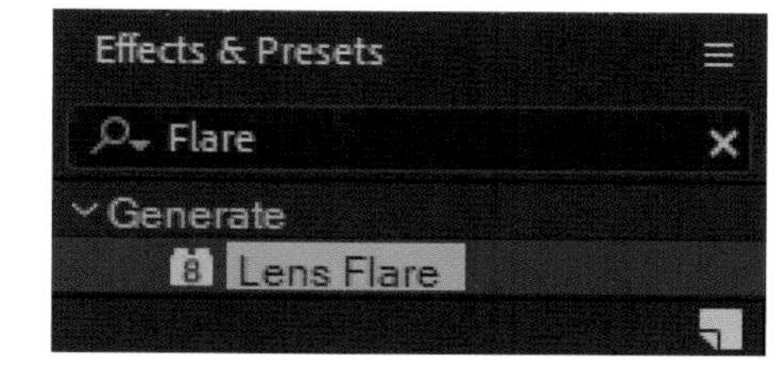

图 7-63

图 7-64

图 7-65

图 7-66

2. 解开预合成

由于此时的辉光并不能同步探照灯的位置变化，因此我们需要将它逐帧匹配到探照灯的位置参数上。但是，因为之前的探照灯 Searchlight_[1001–1071].tif 的位置信息已经整合到了 Marvin 预合成中（见图 7–67），所以需要解开 Marvin 预合成。为了解决这个问题，我们为 AE 软件安装 Aescripts Un–PreCompose 插件。完成插件安装后，选中时间条上的 Marvin 栏，点击菜单栏的 Layer（图层）> Un–Precompose（解开预合成）命令，在弹窗中选择 Discard pre–comp attributes（放弃预合成属性）项，点击 OK 按钮进行解组，如图 7–68 所示。

图 7–67

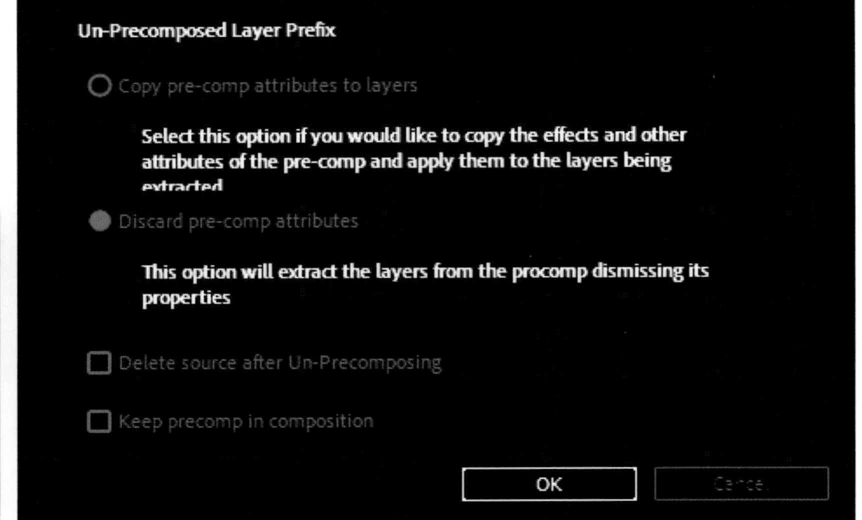

图 7–68

备注：Aescripts Un–PreCompose 插件的主要功能是：可以选择一个之前生成的 Pre–compose（预合成），然后解开预合成到上一级的合成当中，同时保存每一层的特效和其他各种属性。Aescripts Un–PreCompose 插件的安装方法是复制系统对应版本的 BatchFrame 文件夹，粘贴到 Windows：C:\Program Files\Adobe\Adobe After Effects YOUR VERSION \Support Files\Plug–ins 或 Mac: ~/Applications/Adobe After Effects YOUR VERSION/Plug–ins/ 文件夹中，最后重启 AE 软件即可。

3. 追踪探照灯位置

点击菜单栏的 Layer（图层）> New（新建）>Null Object（空对象）命令，创建一个空对象，在时间条上将其重命名为 Track Searchlight。接着选中时间条上 46 ~ 71 帧的 Searchlight_[1001–1071].tif，点击菜单栏的 Window（窗口）> Tracker（追踪系统）命令，打开 Tracker 面板。然后去往时间条上的最后一帧，点击 Tracker 面板中的 Track Motion（追踪动态）按钮生成一个追踪定位点，将其调整大小并置于探照灯的中心位置，如图 7–69 所示。点击 Tracker 面板中的 Analyzed backward（反向分析）◀按钮，对此处的定位点进行反向的运动路径分析，完成后的效果如图 7–70 所示。接下来，点击 Tracker 面板中的 Edit Target（编辑目标）按钮，在弹窗 Motion Target 面板的 Layer 项中选择 Track Searchlight，使它成为动态目标，如图 7–71 所示。最后，在 Tracker 面板中选择 X and Y 坐标体系，点击 Apply（应用）按钮，如图 7–72 所示。这样就把空对象 Track Searchlight 彻底变成了探照灯的定位对象，可随它进行左右和纵深方向的运动。

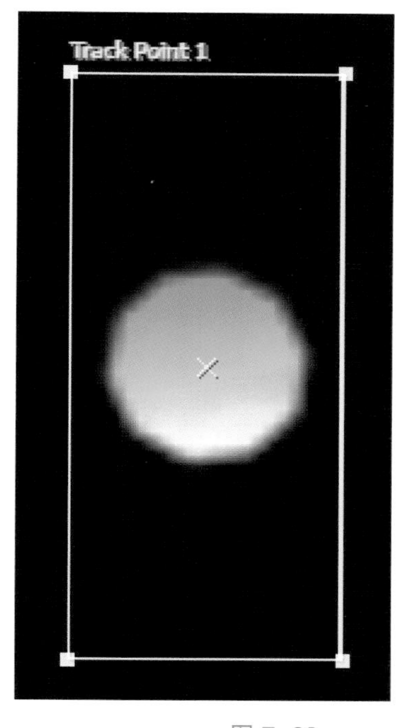

图 7–69

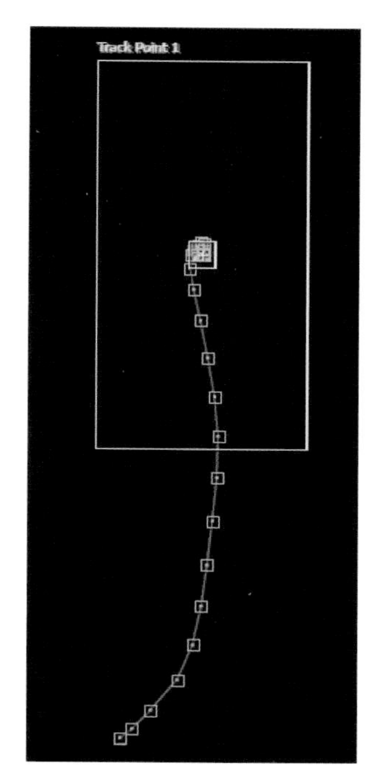

图 7–70

图 7–71

图 7–72

4. 链接辉光位置

在时间条上展开 Lens Flare 调整层，按住 Alt 键的同时用鼠标双击 Flare Center 前的按钮，为其添加一个表达式，如图 7–73 所示。此时从 Flare Center 下的表达式插入按钮上牵引一条线到 Track Searchlight 栏中 Position（位置）上释放，如图 7–74 所示。这样就使调整层的辉光位置链接到了探照灯的位置上，完成 Flare Center 的表达式：thisComp.layer（"Track Searchlight"）.transform.position（见图 7–75）。

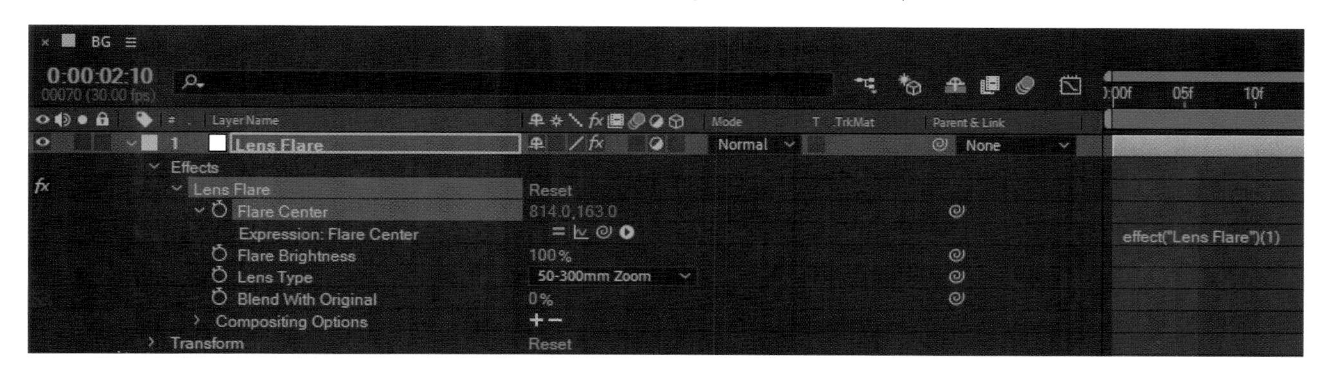

图 7–73

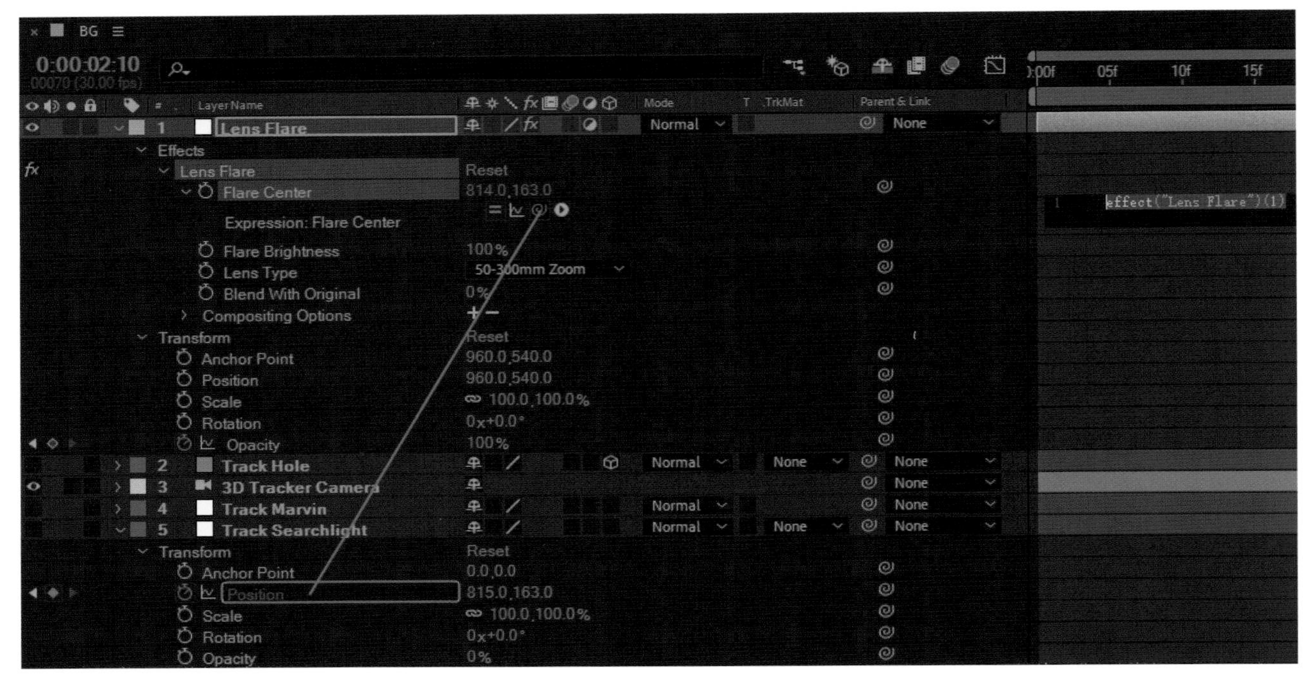

图 7-74

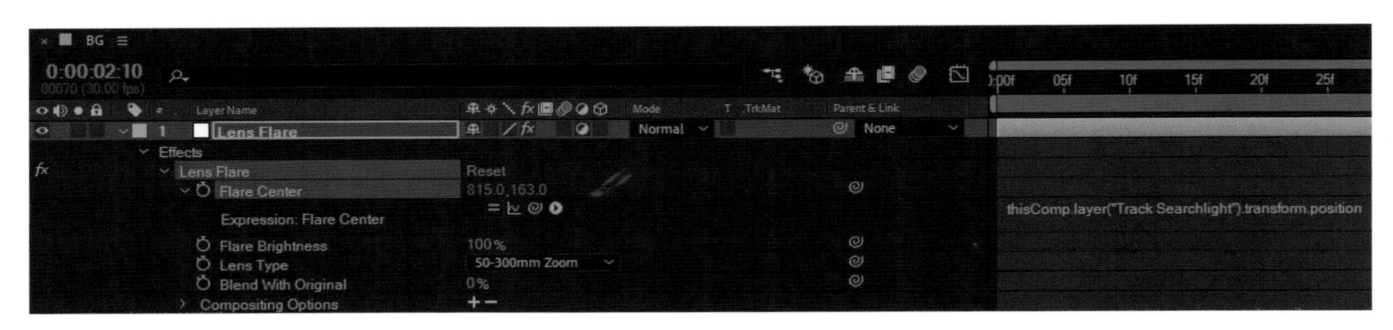

图 7-75

5. 制作发光动画

为了制作辉光从熄灭状态到强烈发光的效果，我们需要为它的 Opacity（不透明度）属性设置关键帧。具体做法是选中时间条上的 Lens Flare 调整层，展开它的属性栏，把时间条上的指针移动至第 18 帧，把 Transform 下 Opacity 的数值设为 0%，点击 Opacity 前的按钮设置第一个关键帧，使它隐藏。接着，把指针拖拉至第 35 帧，修改 Opacity 后的参数为 100%，按回车键生成第二个关键帧，如图 7-76 所示。这样从第 18 帧到第 35 帧，就生成了一段辉光随探照灯一起由暗转亮的动画。

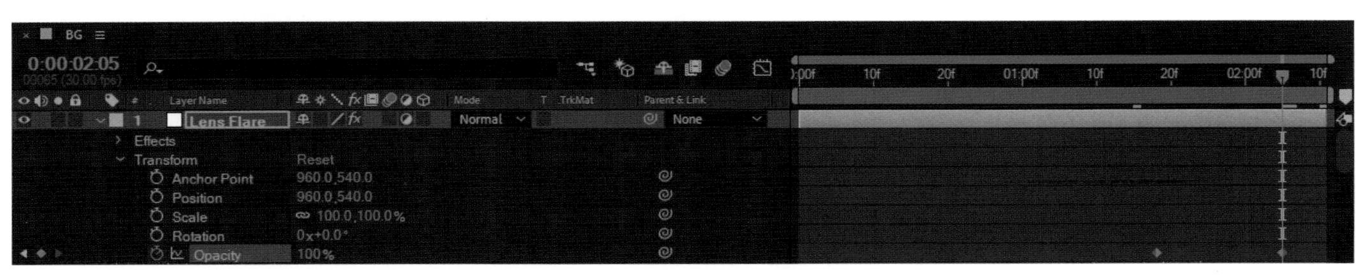

图 7-76

6. 选择辉光种类

AE 软件提供了多样化的辉光效果，以适应不同的场景氛围，Lens Flare 调整层在添加 Lens Flare 特效后，可以在 Effect Controls（特效控制）面板中设置不同的发光类型。操作方法是选择 Effect Controls（特效控制）面板中 Lens Type（镜头种类）的选项，这里提供了 50–300mm Zoom、35mm Prime 和 105mm Prime 三种辉光效果（见图 7–77），它们分别对应图 7–78、图 7–79 和图 7–80 所示的发光效果，读者可以根据个人喜好进行设置。

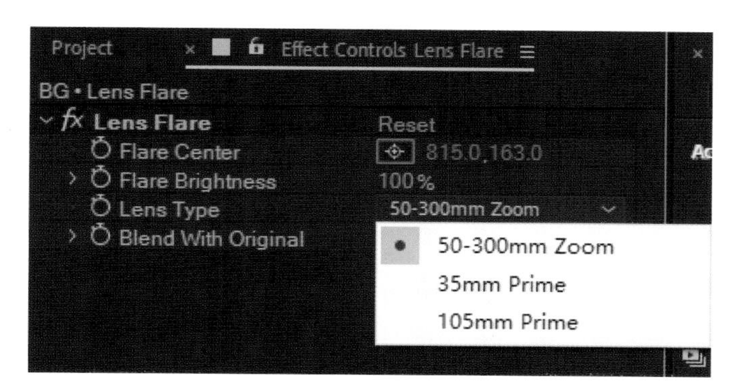

图 7–77

图 7–78

图 7–79

图 7-80

【内容总结】

本章主要承接上一章的动态追踪技巧，继续深挖地坑、飞船、碎石、火焰、爆炸、辉光等各类元素的置入方法。通过较为深入的案例练习，将纯色背景提取、元素羽化边缘、色彩融合校正、遮罩范围控制等细节知识点更好地展现出来。总体上，有助于读者将来对各类场景要素的分别调整和整体把握。

【课后作业】

（1）复习本案例中的各类元素置入方式。

（2）尝试利用本案例中的制作技巧，在自己的作品中添加类似的元素。

第八章

最终画面提升

【学习重点】

了解画面总体效果设计和实现的多种方法。

【学习难点】

掌握图层叠加模式的使用方法和关键帧动画的设置。

一、增加火焰光照

1. 制作火光纯色面板

为了模拟爆炸时发出的火光效果，我们按快捷键 Ctrl+Y 打开 Solid Settings（立体设置）窗口，来创建一个纯色面板。在 Solid Settings 面板的 Name（名称）后输入 GroundFloor Light（地面照明），接着点击 Color（颜色）下的灰色方块，在弹窗中选择类似火焰的橘黄色作为火光板底色，如图 8–1 所示。随后打开时间条上该图层的三维层按钮，视口中的效果如图 8–2 所示。

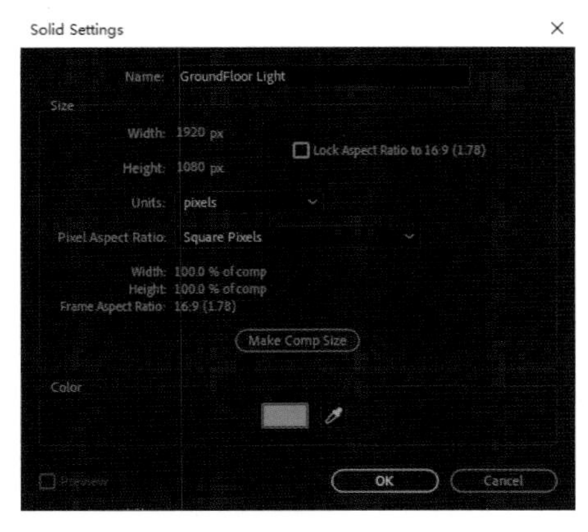

图 8–1

图 8–2

2. 调整纯色面板角度

展开时间条上的 GroundFloor Light 栏，将 Transform 下的 X Rotation 设为 90° 、Z Rotation 设为 15° ，使火光板透视角度接近于地面。接着，用快捷键 Ctrl+C 复制 Track Hole 栏的 Position 数值，按 Ctrl+V 粘贴到 GroundFloor Light 栏，定位出火光板的运动起点。此时画面的效果如图 8–3 所示。下一步，调整 Transform 下 Scale 的数值，使它扩展延伸到整个路面，如图 8–4 所示。

图 8–3

图 8–4

3. 设置面板发光效果

当前纯色面板的填充效果有些许失真，我们点击时间条上的 Mode 栏，在其中能测试各种不同的图层叠加效果，这些叠加模式和 PS 图层融合模式非常类似，我们选择 Add（添加）模式（见图 8–5）。此时的地面变得比较明亮，效果如图 8–6 所示。

备注：如果在 AE 软件的时间条中没有 Mode 项，可以用鼠标右击 Layer Name 栏，在弹出菜单中选择 Columns（纵队）> Modes（模式）命令进行开启，如图 8–7 所示。

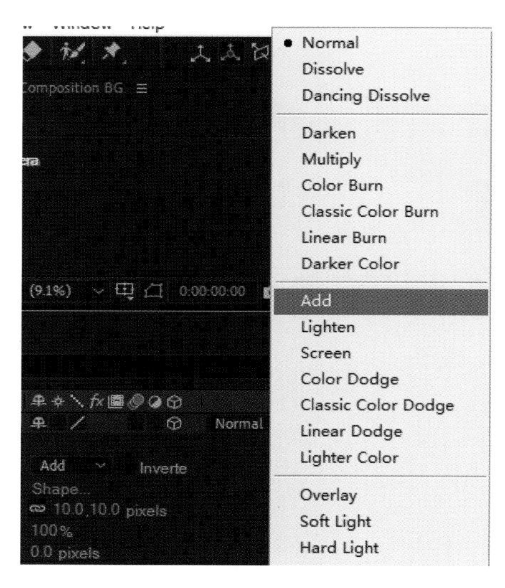

图 8–5

图 8–6

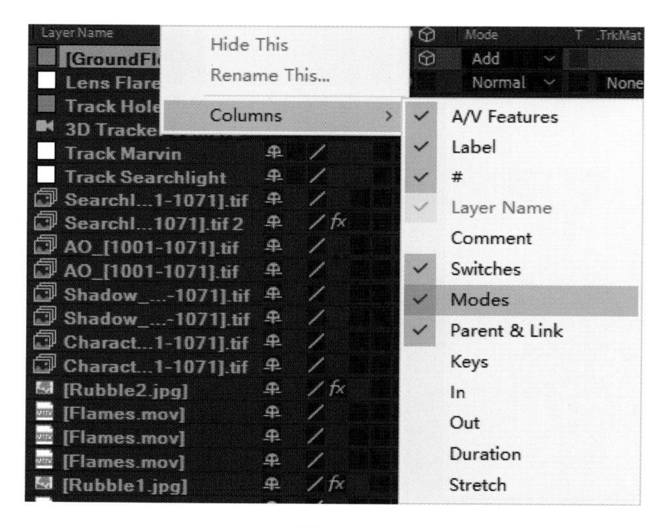

图 8–7

4. 修整面板发光边缘

图 8–6 中的面板边缘非常生硬且范围过大，因此需要通过遮罩对其边角进行完善。首先，选中时间条上的 GroundFloor Light 栏，在 Transform 下降低 Opacity 的数值到 50%，使地面略微可见。接着，沿 Y 轴向上提起整个遮罩，还可以适当沿 Z 轴向前位移一段距离，这样才能使遮罩的发光区域覆盖整个飞船和机器人 Marvin 全身。然后，使用工具栏中的钢笔工具沿爆炸点四周的主要物件绘制一圈闭合的路径线，如图 8–8 所示。随后，增大 GroundFloor Light 栏下 Mask Feather（遮罩羽化）的数值到 149，降低 Mask Expansion（遮罩扩展）的数值到 –23，并降低 Transform 下 Opacity（不透明度）的数值到 35%，当前的视口效果如图 8–9 所示。

图 8-8

图 8-9

5. 制作火光扩散动画

为了使火光板能始终匹配整个镜头中的角色运动和画面背景，我们针对已有效果，在时间条第 1 帧为 GroundFloor Light 栏中 Transform 下的 Position（位置）、Scale（缩放）、X Rotation（X 轴旋转）和 Opacity（不透明度）设置第一个关键帧，具体参数如图 8-10 所示。接着，去往时间条的第 29 帧，再次调整遮罩火光板的位置、大小、X 轴旋转和不透明度，使画面大部分区域被更强烈的火光覆盖，仅保留远处蓝天和屋顶的原色，效果如图 8-11 所示，按对应属性前的添加关键帧按钮，设置第二个关键帧。第二次设置的具体参数如图 8-12 所示。

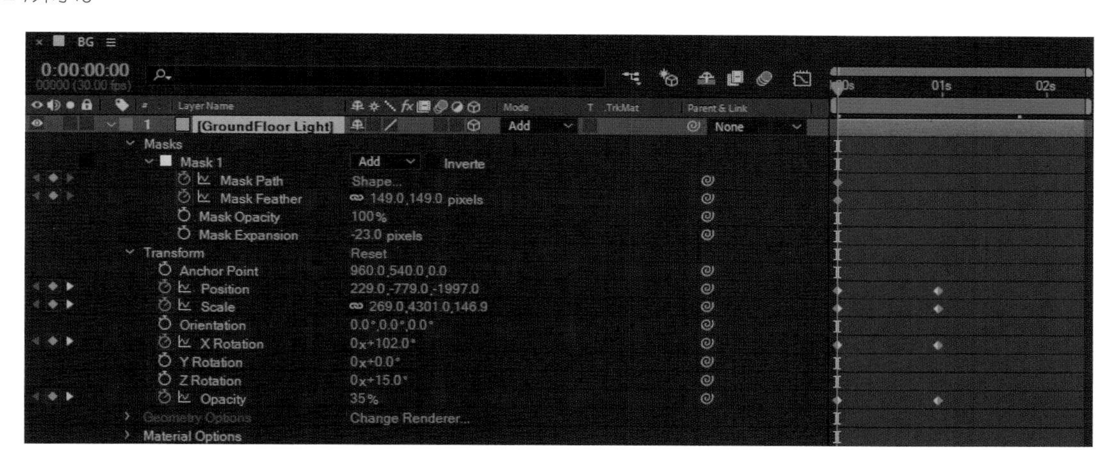

图 8-10

图 8-11

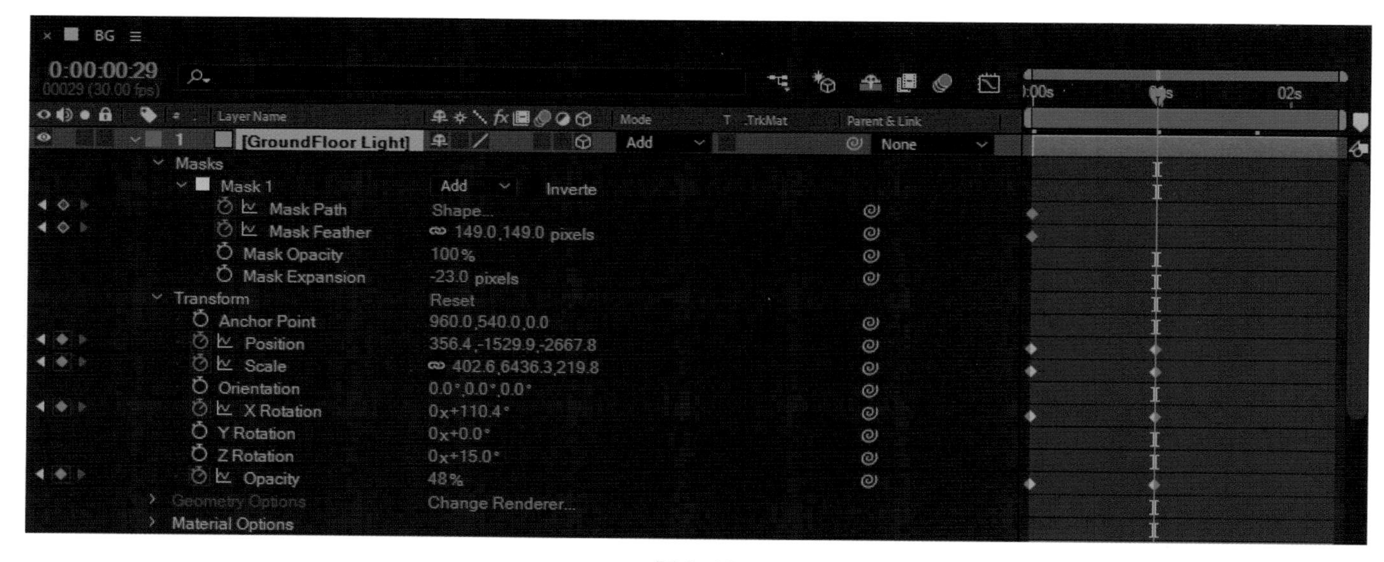

图 8-12

6. 火光图层最终整理

最后，我们播放视频，预览整个视频效果发现，目前火光将探照灯的辉光效果覆盖了，所以还需要在时间条中将 GroundFloor Light 栏拖拽至 Lens Flare 栏的下方，如图 8-13 所示。这样探照灯的辉光就脱离了爆炸火光的影响，形成如图 8-14 所示的景象。

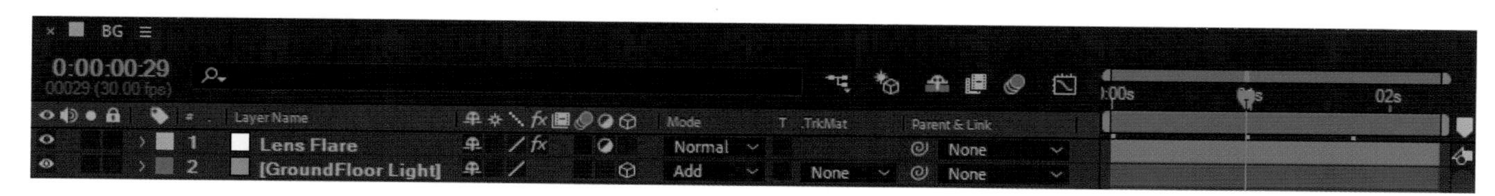

图 8-13

图 8-14

二、制作波动热浪

1. 创建热浪调整层

通常情况下，我们发现大范围的灼热物体，它周围的景物会出现被热浪扭曲波动的现象，如图 8–15 所示。换作此处的场景，由爆炸产生的热浪也会影响到机器人背后的景物。因此，我们点击菜单栏的 Layer（图层）> New（新建）> Adjustment Layer（调整层）命令，创建一个调整层。用鼠标右键点击时间条上的调整层，选择弹窗中的 Rename，将其重命名为 HeatWave（热浪），并将它拖拽到 Character 层之下，使其不会影响到机器人和探照灯，如图 8–16 所示。

图 8–15

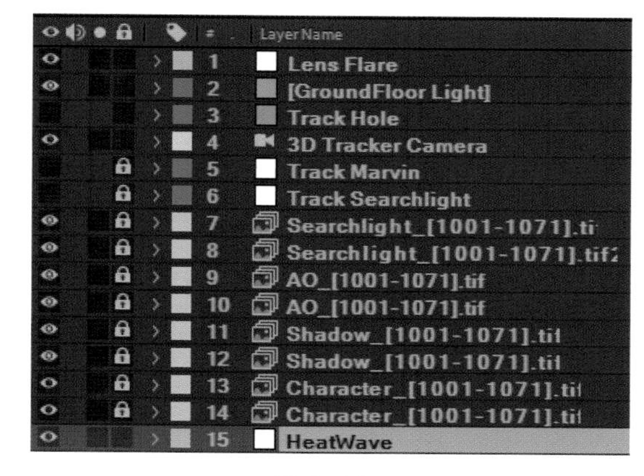

图 8–16

2. 添加液化特效

在 Effects & Presets（特效和预制）面板中，搜索 Liquify（液化），将其拖拽给时间条上的 HeatWave 调整层。接着，在 Effect Controls（特效控制）面板中，增大 Brush Size（笔刷尺寸）和 Brush Pressure（笔刷力度）。展开 View Options（预览选项），勾选 View Mesh（预览网格）（见图 8–17），这样视口中才能出现一层整齐的网格状蒙版，如图 8–18 所示。

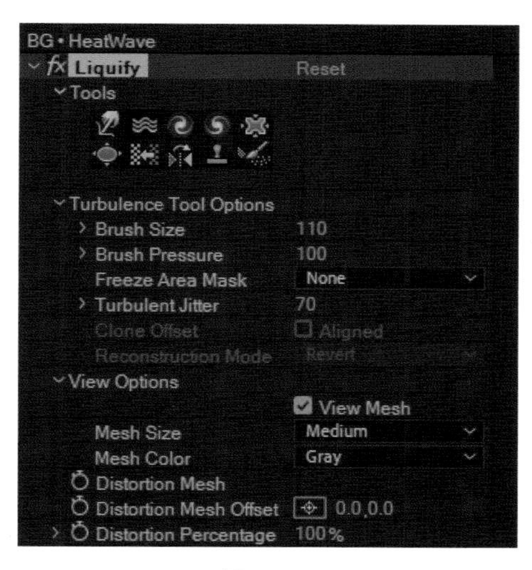

图 8–17

图 8–18

3. 调整液化特效

先暂时关闭时间条上机器人和探照灯前的眼睛按钮，使它们被隐藏。随后点击 Effect Controls（特效控制）

面板中的波浪按钮，在视口中按住不放，可影响网格产生波动变形的效果，波动强度和笔刷的按压时长有关。此处，针对火焰、碎石、长椅、树梢、窗户、墙面、地面、屋顶等区域进行类似的变形操作，如图 8–19 所示。

图 8–19

4. 制作动态热浪

因为此时的热浪还处于静止状态，无法匹配动态的背景素材，我们可以去往时间条的第 1 帧，在 Effect Controls（特效控制）面板中选中 Distortion Mesh Offset（扭曲网格偏移）后的定位按钮，在视口左上角设下一个定位点，如图 8–20 所示。随后，点击特效控制面板中 Distortion Mesh Offset 前的按钮，为其设下第一个关键帧。同样，我们再去往时间条上的最后一帧，适当移动 Distortion Mesh Offset 的定位点位置，使它出现适当的偏移，如图 8–21 所示，并为它设置第二个关键帧。最后，关闭特效控制面板中的 View Mesh（预览网格）后再次播放视频，画面出现了热浪波动的效果。

注意：此时，若发现画面四周边缘出现了因扭曲导致的黑边纹理，可用恢复按钮进行画面边缘角落的涂抹修复。

图 8–20

图 8–21

5. 限制热浪范围

在预览完视频后，如果发现热浪波动的范围太大，我们还可以为 HeatWave 层添加一层热浪遮罩。方法是：

选择工具栏中的钢笔工具，在视口中绘制热浪的区域范围，如图 8-22 所示，方框内是热浪波动的区域。然后，展开时间条中的 HeatWave 层下的 Masks，将 Mask Feather（遮罩羽化）的数值增大到 150，如图 8-23 所示，使遮罩的边缘变得柔和。

图 8-22

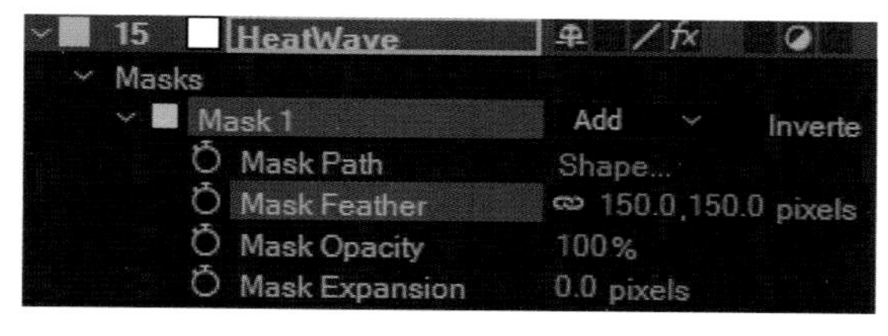

图 8-23

三、创建画面景深

1. 添加碎石景深

我们在观看视频时，通常会发现视频中最近的物体和最远的物体之间，有一段能够清晰成像的部分，这就是所谓的景深。当然，这部分是逐渐发生的，也就是说由不清晰过渡到清晰再过渡到不清晰。如图 8-24 所示，图片中清晰的部分就是景深。上面的那张图景深范围较小，是小景深；而下面这张图景深范围较大，是大景深。

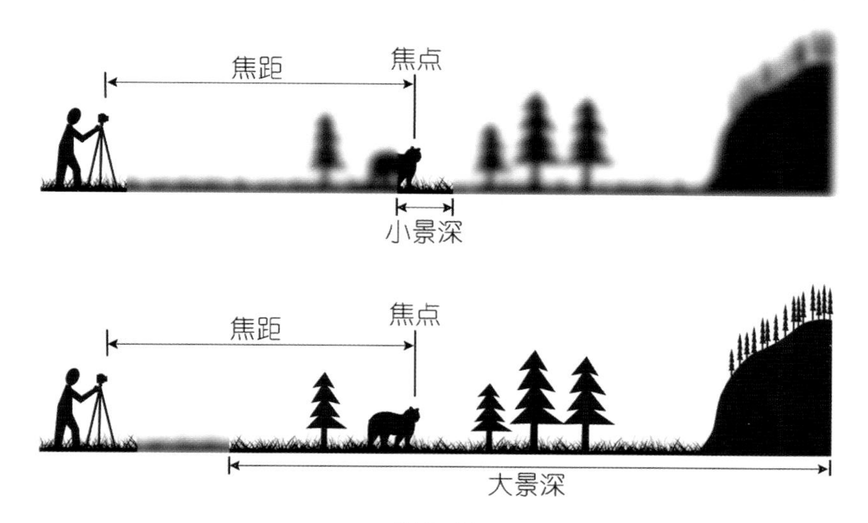

图 8-24

此时，为了使画面中呈现自然的景深效果，我们需要在现有全部清晰的画面中增大部分区域范围的模糊度。因此，在 Effects & Presets（特效和预制）面板中，搜索 Camera Lens Blur（摄像机镜头模糊），依次将其拖拽给时间条上的 Rubble3.jpg、Rubble2.jpg 和 Rubble1.jpg 图层。刚开始添加上去后，碎石堆会非常模糊，如图 8-25 所示。同时，降低 Effect Controls（特效控制）面板中的 Blur Radius（模糊半径）的数值（见图 8-26），匹配场景中的同一处物体的模糊度，场景效果如图 8-27 所示。

图 8-25

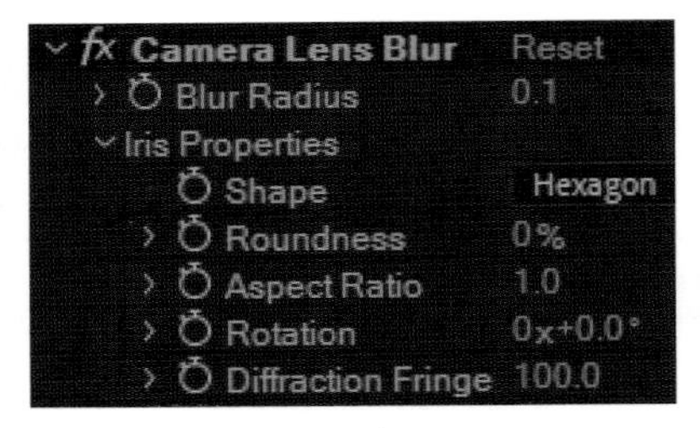

图 8-26

图 8-27

2. 添加火焰景深

按照刚才碎石景深的制作思路，我们继续使用 Camera Lens Blur（摄像机镜头模糊）特效，分别为碎石堆中燃烧的所有火苗 Flames.mov 层添加相同的景深特效。按照远近模糊度，依次逐步降低 Blur Radius 的数值，效果如图 8-28 所示。

图 8-28

3. 添加角色景深

为了使角色与场景达到清晰度一致的匹配效果，我们还需要分别为两个角色层添加 Camera Lens Blur（摄像机镜头模糊）特效。将 1 ~ 45 帧层 Character_[1001-1071].tif 层的 Blur Radius（模糊半径）的值设为 0.2，并将 46 ~ 71 帧层 Character_[1001-1071].tif 层的 Blur Radius（模糊半径）的值设为 0.1，略微出现一点点模糊效果，图 8-29 所示是添加 0.1 模糊半径数值的镜头模糊特效前后的对比效果。

图 8-29

4. 添加镜头景深

此时画面中的各类添加元素已基本具备一定的模糊效果，但是背景视频中远处的街道和房屋仍然比较清晰。因此，点击 Layer（图层）> New（新建）> Adjustment Layer（调整层）命令，创建一个调整层，把它重命名为 AllBlur，并把它拖拽到时间条的最顶层。接着，把 Camera Lens Blur（摄像机镜头模糊）特效添加到该调整层，效果如图 8-30 所示。由于整个背景视频都出现了模糊效果，我们还可以使用工具栏中的钢笔工具，绘制一圈遮罩路径来框选需要模糊的区域，如图 8-31 所示。紧接着增大它在时间条上 Mask Feather（遮罩羽化）的数值到 200，使遮罩边缘柔和。同时降低它在 Effect Controls（特效控制）面板中 Blur Radius 的数值到 0.5，使场景前面地面清晰而后面背景略微模糊。

图 8-30

图 8-31

四、设置动感模糊

1. 整合角色层

单纯的角色运动会略显单调。由于机器人本身的翻滚速度很快，因此我们可以为它添加动感模糊，以提升画面的质感。首先，选中时间条中的角色层、探照灯层、AO 层、阴影层和空对象追踪层（见图 8-32），按快捷键 Ctrl+Shift+C，将其再次整合成名为 Marvin 的预合成，如图 8-33 所示。

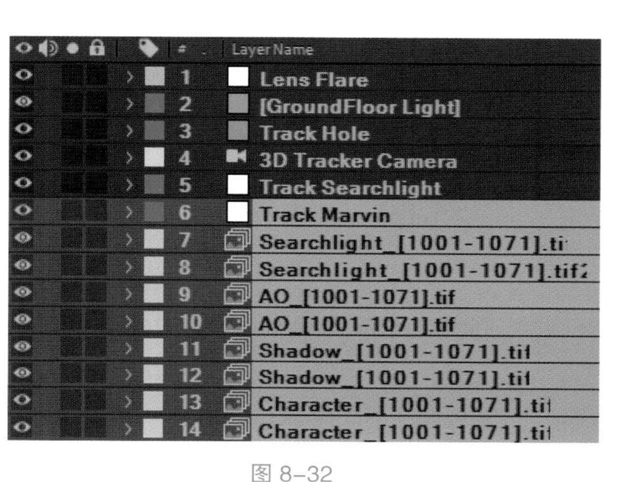

图 8-32

Pre-compose

New composition name: Marvin

Leave all attributes in 'BG'

Use this option to create a new intermediate composition with only 'Track Marvin' in it. The new composition will become the source to the current layer. This option is not available because more than one layer is selected.

Move all attributes into the new composition

Use this option to place the currently selected layers together into a new intermediate composition.

Adjust composition duration to the time span of the selected layers

Open New Composition

OK Cancel

图 8-33

2. 添加动感模糊

在 Effects & Presets（特效和预制）面板中，搜索 Pixel Motion Blur（像素动感模糊）特效（见图 8-34），接着把它拖拽给时间条上的 Marvin 预合成层，视口中的机器人变得模糊，如图 8-35 所示。如果想继续增大动感模糊的效果，还可以从 Effects & Presets（特效和预制）面板中再次拖拽一个 Pixel Motion Blur（像素动感模糊）特效给 Marvin 预合成层。

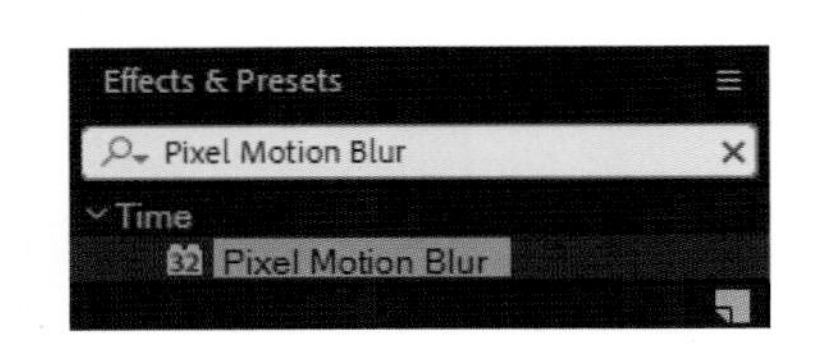

图 8-34

图 8-35

五、调整画面效果

1. 整合所有图层

在时间条上选中所有的图层，按快捷键 Ctrl+Shift+C，将其整合成一个名为 All 的预合成，如图 8-36 和图 8-37 所示。

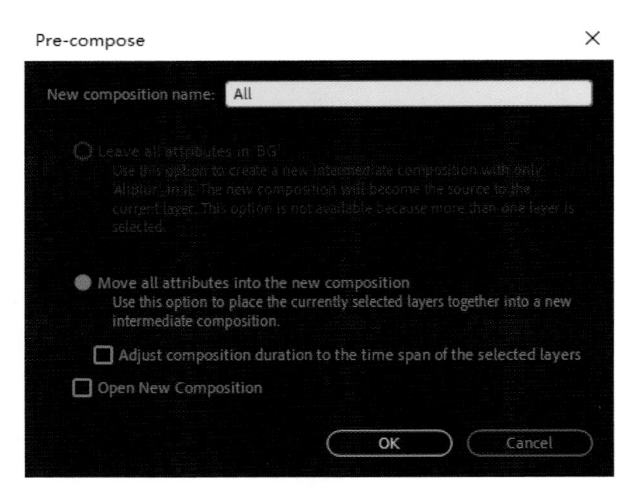

图 8-36

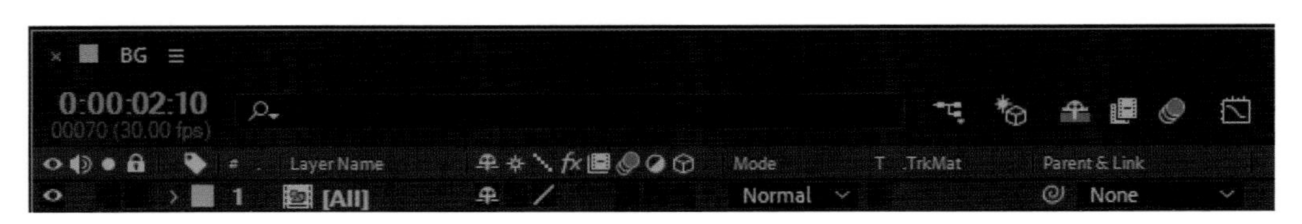

图 8-37

2. 添加校色特效

在 Effects & Presets（特效和预制）面板中，搜索 Levels（色阶单独控制）特效（见图 8-38），接着把 Levels（Individual Controls）特效拖拽给时间条上的 All 预合成层。此时，我们可以在 Effect Controls（特效控制）面板中降低 Red 项下 Red Gamma（红色伽马）的数值，并增大 Blue 项下 Blue Gamma（蓝色伽马）的数值，调整数值如图 8-39 所示。这样画面整体色调如图 8-40 所示，减弱了红色的喜庆氛围，取而代之以象征高科技的蓝色调为主。

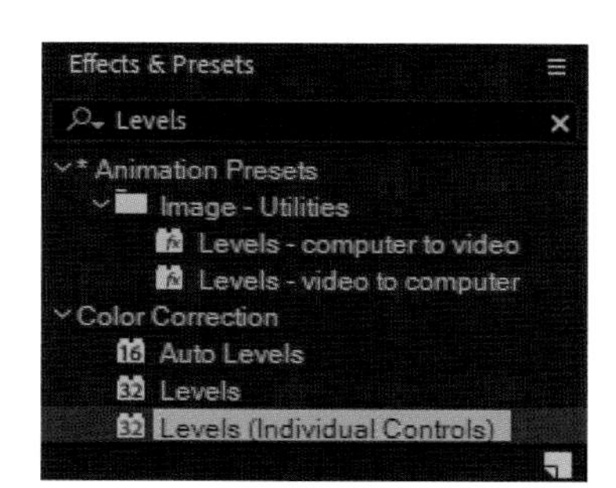

图 8-38

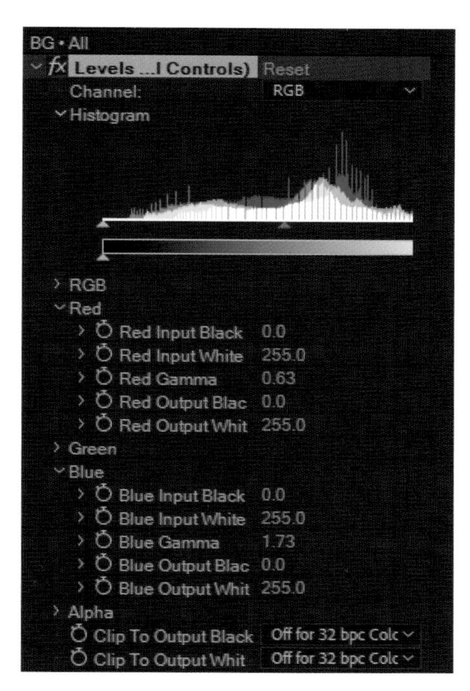

图 8-39

图 8-40

3. 调整亮度对比度

为了优化画面的亮度对比，我们继续在 Effects & Presets（特效和预制）面板中搜索 Curves（曲线）特效（见图 8–41），接着把它拖拽给时间条上的 All 预合成层。随后，在 Effect Controls（特效控制）面板中拖拉白色的曲线，如图 8–42 所示，往上提点是增大画面亮度，向下拉点是降低画面亮度，S 形的曲线有助于提升画面的亮度对比度。最终的视口效果如图 8–43 所示。

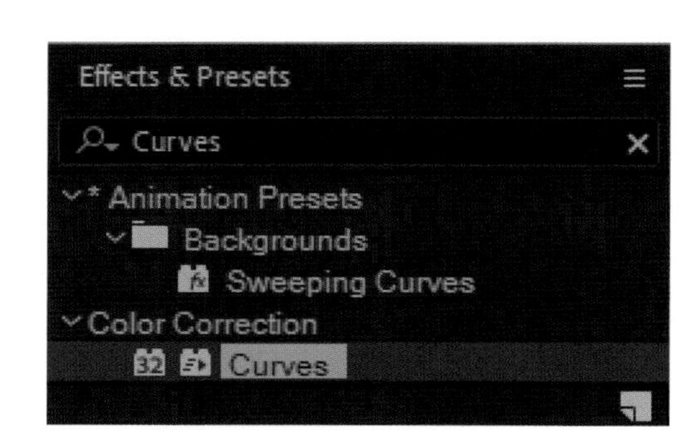

图 8–41

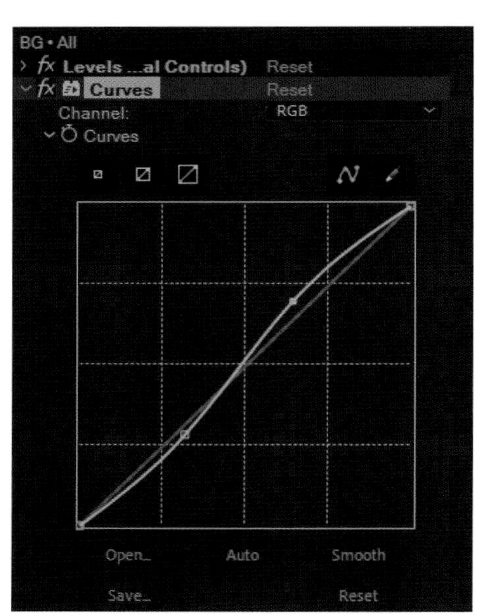

图 8–42

图 8–43

4. 处理画面边角

正常情况下，当光线进入摄像机时，画面中的四个角落会因光照不足出现变暗的情况。因此，我们也可以在画面中模拟这种效果。点击菜单栏的 Layer（图层）>New（新建）> Solid（固体）命令，打开固体设置面板，更改名称为 Dark Corners（黑暗角落），在 Color 下点击方框，选择纯黑色，如图 8–44 所示，这样就创建了一个纯黑色的固体平板。接着，在工具栏中点击长方形按钮不放，在弹窗中选择 Ellipse Tool（椭圆形工具）（见图 8–45），从视口左上角的定点位置拖拽出一个椭圆形遮罩，效果如图 8–46 所示。我们发现椭圆形遮罩的遮挡范围和我们需要遮挡的区域正好相反，还要将时间条上 Masks 下的 Inverte（反转）项进行勾选以遮挡画面中的四个角落，并增大 Mask Feather（遮罩羽化）的数值到 300，降低 Mask Opacity（遮罩不透明度）的数值到 80%，增大 Mask Expansion（遮罩扩展）的数值到 150，如图 8–47 所示。此时视口的效果如图 8–48 所示。

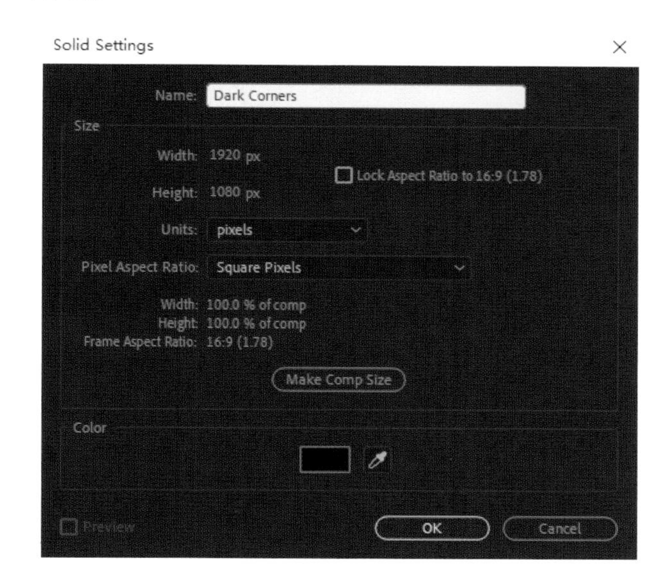

图 8–44

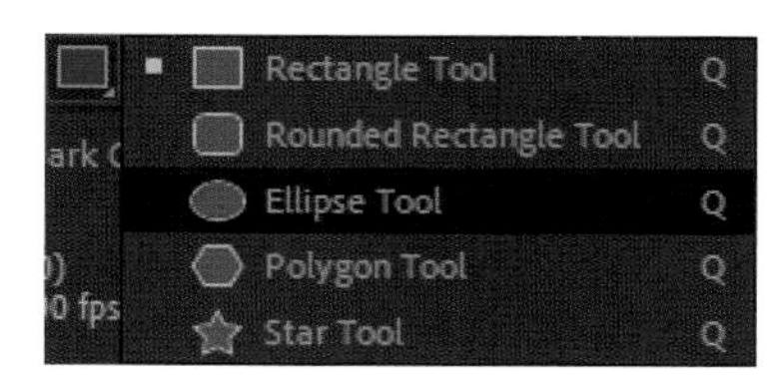

图 8–45

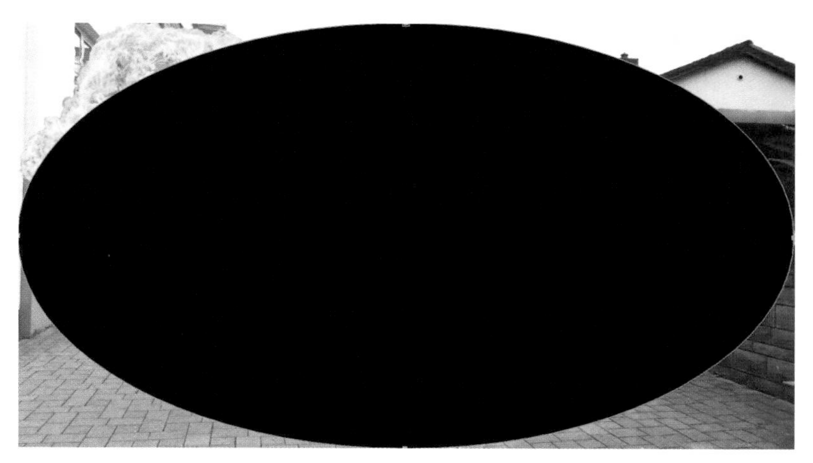

图 8–46

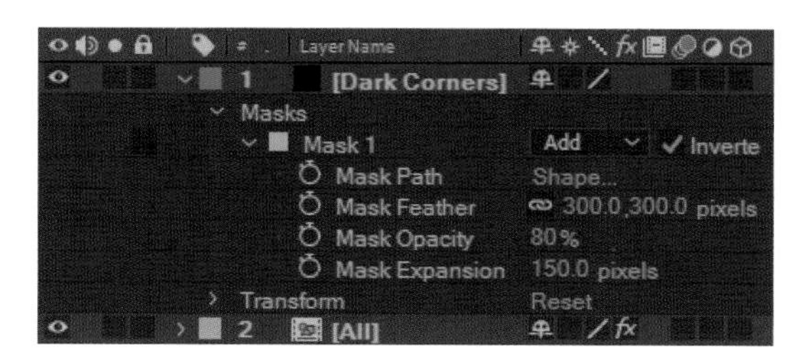

图 8–47

图 8-48

5. 添加镜头反光

当强烈的光线照射到摄像机镜头上时，镜片上会出现一些轻微的亮光反射效果。为了实现这种镜头上的反光，我们选择 All 预合成层，按快捷键 Ctrl+D 复制出一个同样的预合成层。点击工具栏中的旋转按钮，配合 Shift 键，把视口中新复制出的 All 预合成进行上下翻转，如图 8-49 所示。下一步，在 Effects & Presets（特效和预制）面板中搜索 Luma Key（亮度键）特效（见图 8-50），将其拖拽给时间条上刚翻转的 All 预合成层。紧接着在 Effect Controls（特效控制）面板中增大 Threshold（阈值）到 255，如图 8-51 所示。该数值越大，该层保留的区域越小。该层现在在视口中的效果如图 8-52 所示，仅残余部分白色光斑区域。这种光斑的边界非常生硬，为了改善它的边缘效果，我们继续使用在 Effects & Presets（特效和预制）面板中搜索到的 Radial Blur（径向模糊）特效（见图 8-53），把它添加到刚翻转的 All 预合成中。随后修改 Effect Controls（特效控制）面板中 Amount（总值）到 20（见图 8-54），降低时间条上 All 预合成的 Opacity（不透明度）到 71%（见图 8-55）。最终的调整效果如图 8-56 所示。

图 8-49

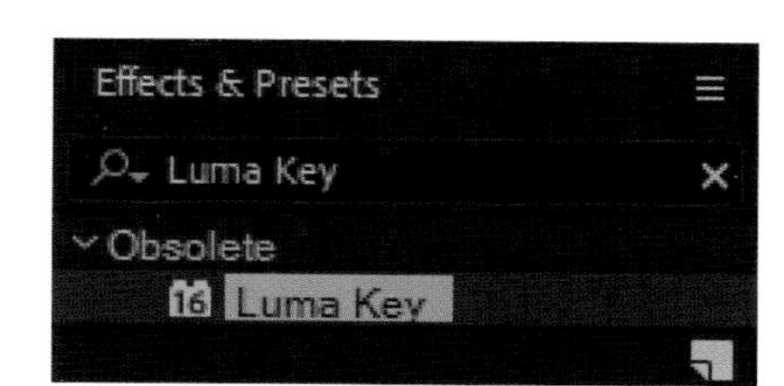

图 8-50

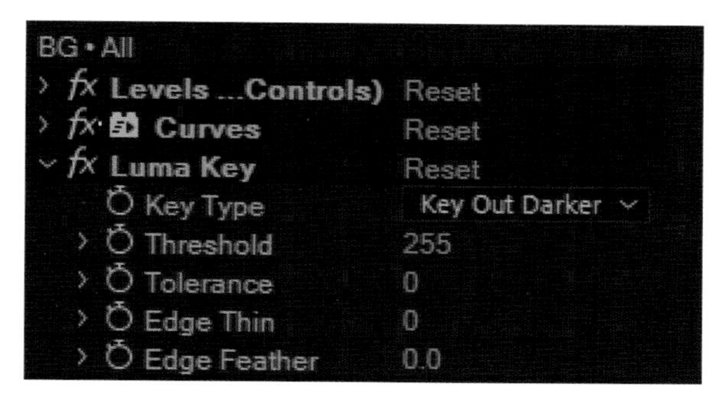

图 8-51

图 8-52

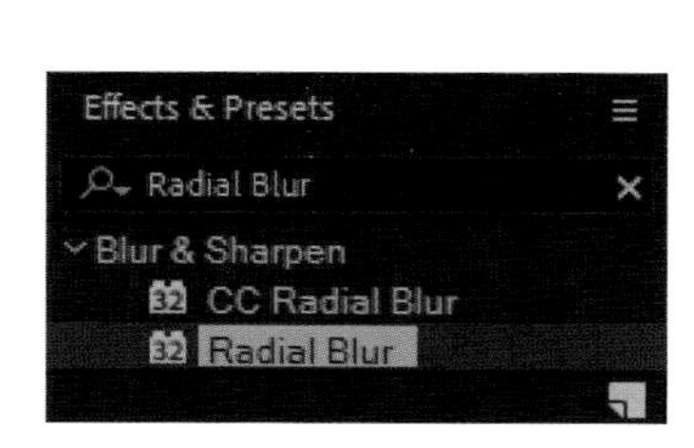

图 8-53

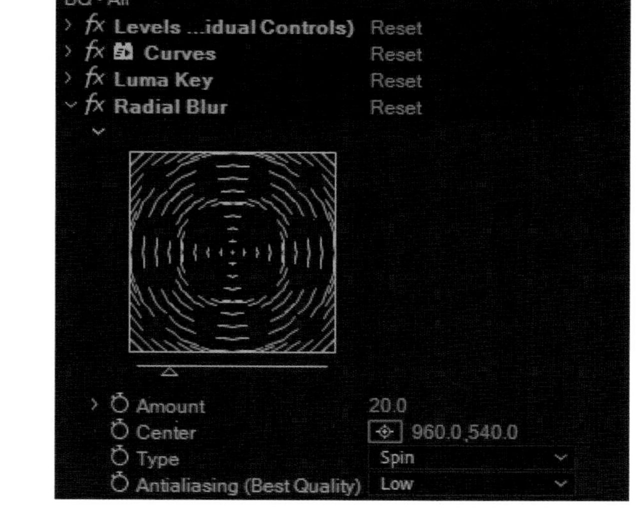

图 8-54

图 8–55

图 8–56

6. 设置反光动画

由于探照灯是从第 18 ~ 35 帧逐步亮起来的，因此，镜头上的反光也应具备相同时间点的反光效应。展开时间条上 All 预合成下的 Opacity（不透明度），在第 18 帧时设置 Opacity 的值为 0%，点击 Opacity 前的关键帧按钮设下第一个关键帧，再把第 35 帧的 Opacity 设为 70%，按回车键生成第二个关键帧（见图 8–57）。

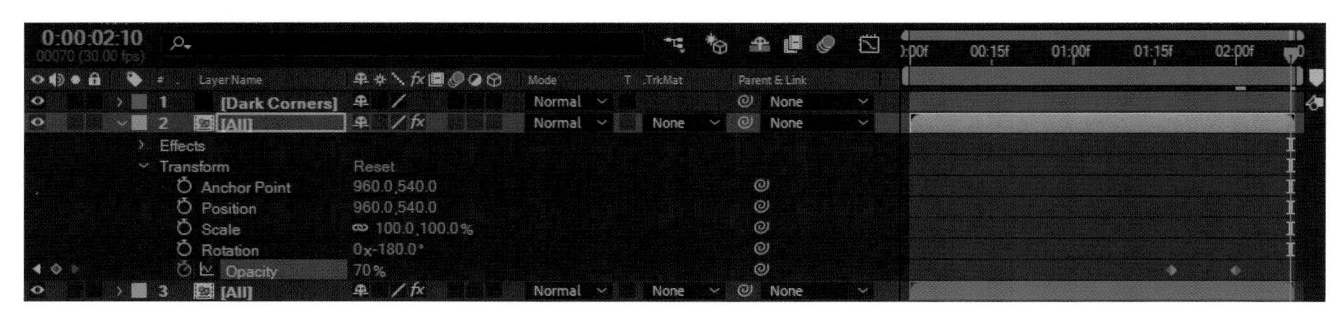

图 8–57

7. 增加动感冲击

点击菜单栏的 Layer（图层）> New（新建）> Adjustment Layer（调整层）命令，创建一个名为 Motion 的调整层，如图 8–58 所示。接着在 Effects & Presets（特效和预制）面板中，搜索 Radial Blur（径向模糊）特效（见图 8–59），添加到 Motion 调整层中。在 Effect Controls（特效控制）面板中，把 Amount（总值）降低为 1，并设置 Type 为 Zoom（疾速移动），如图 8–60 所示。这样画面中呈现一种轻微飞驰的动感效果，如图 8–61 所示。

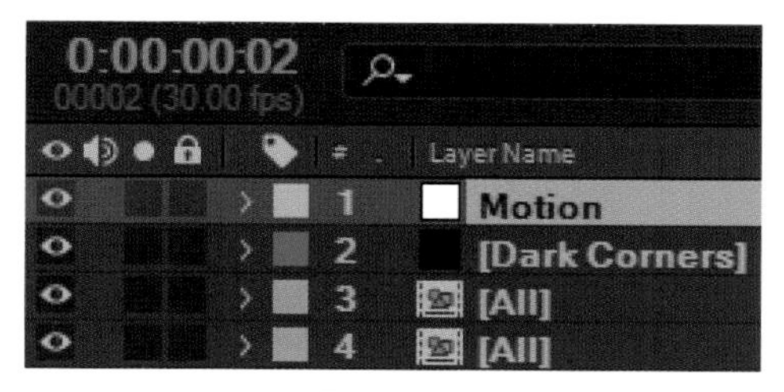

图 8–58

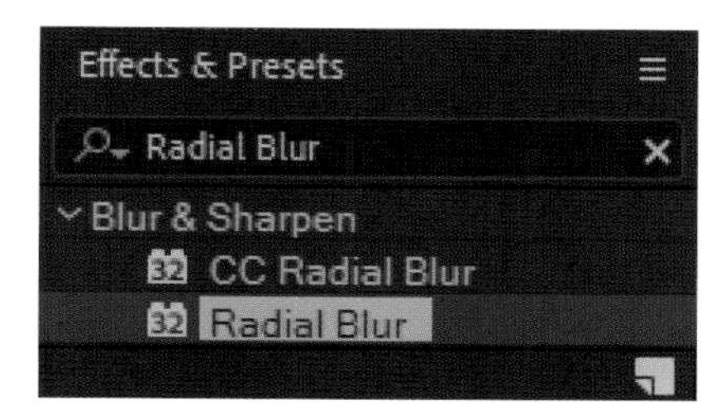

图 8–59

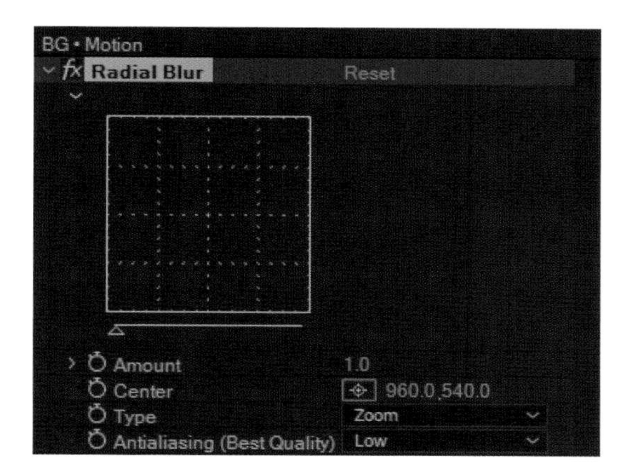

图 8–60

图 8–61

8. 设置红色散光

有时我们在影片中会看到，模型轮廓周围有一圈类似散光的红色边界线。如果要实现这样的效果，需要把影片中的红色层与绿色层和蓝色层分离后，进行单独控制。首先，选中时间条上的所有图层，按快捷键 Ctrl+Shift+C，整合成名为 Final 的预合成。然后，在 Effects & Presets（特效和预制）面板中搜索 Set Channels（设置通道）特效（见图 8–62），将其添加给时间条上的 Final 预合成。下一步，在时间条上按快捷键 Ctrl+D，复制得到一个同样带有 Set Channels 特效的预合成，如图 8–63 所示。此时，选中上一层的 Final 预合成，在 Effect Controls（特效控制）面板中把 Set Green To Source 2's（设置绿色到源 2）和 Set Blue To Source 3's（设置蓝色到源 3）更改为 Off（关闭），如图 8–64 所示。这样画面变成纯红色，如图 8–65 所示。接着，再选中下一层的 Final 预合成，在 Effect Controls（特效控制）面板中把 Set Red To Source 1's（设置红色到源 1）更改为 Off（关闭）（见图 8–66），画面效果变成蓝绿色，如图 8–67 所示。最后，把时间条中上一层的 Final 预合成的 Scale（缩放）设为 100.6，并把图层叠加模式 Mode 更改为 Add（添加）（见图 8–68），使红色 Final 预合成层变大且以添加模式覆盖在蓝绿色 Final 预合成层上。由此，我们得到了带有一圈红色边缘线的叠加画面效果，如图 8–69 所示。

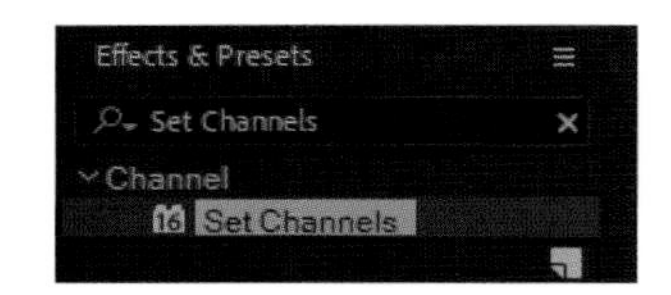

图 8–62

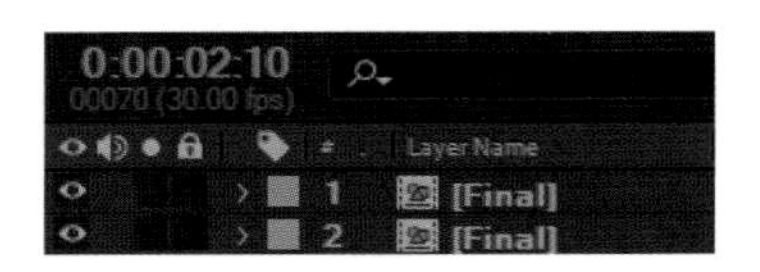

图 8–63

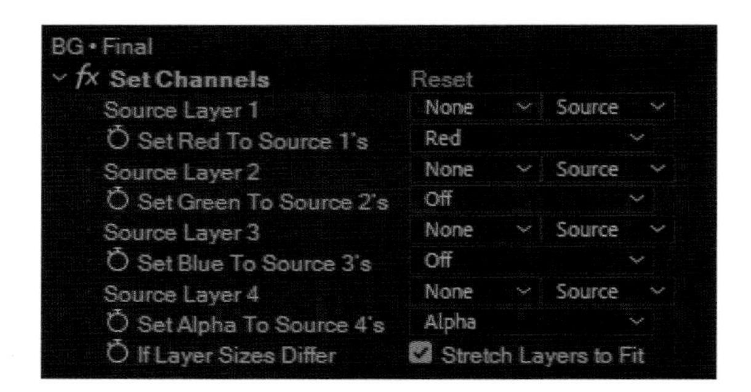

图 8–64

图 8–65

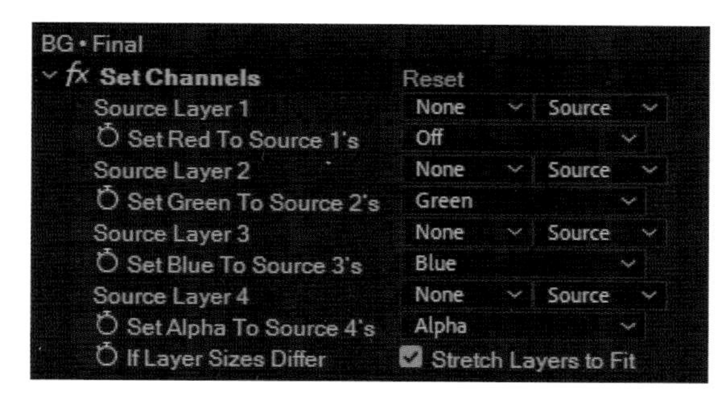

图 8–66

图 8–67

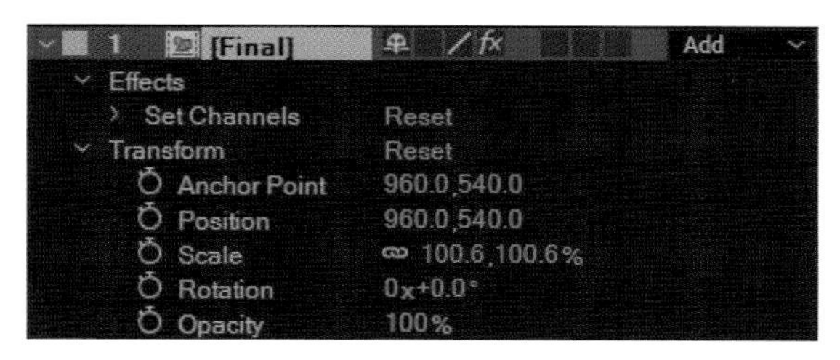

图 8–68

图 8–69

六、视频输出合成

1. 添加渲染序列

点击菜单栏的 Composition（合成）> Add to Render Queue（添加到渲染序列）命令，或者直接按快捷键 Ctrl+M，可在时间条上打开 Render Queue（渲染序列）板块，如图 8–70 所示。点击 Output Module 后的 Lossless（无损），在输出模式设置面板中选择 Format（格式）为 AVI，如图 8–71 所示。接着点击渲染序列板块中的 Output To（输出到）后面的 BG.avi，设置视频的储存路径，更改渲染序列帧的名称为 Marvin.avi，如图 8–72 所示。

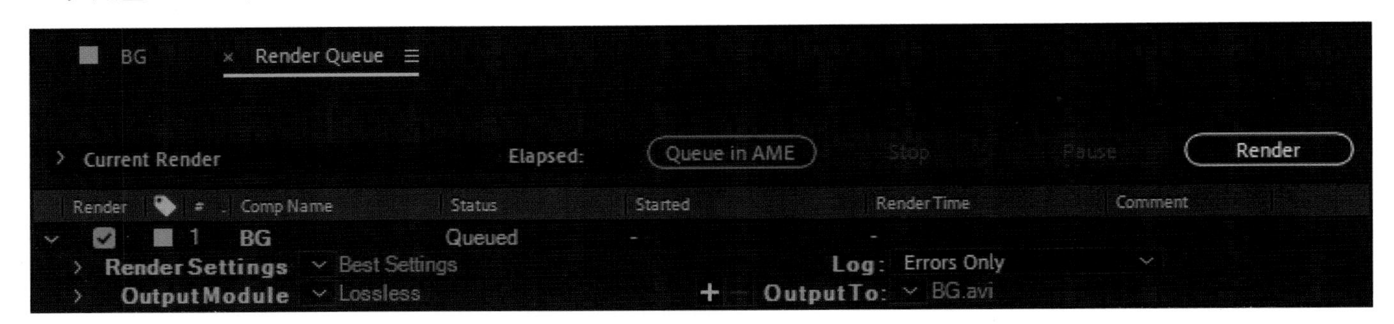

图 8–70

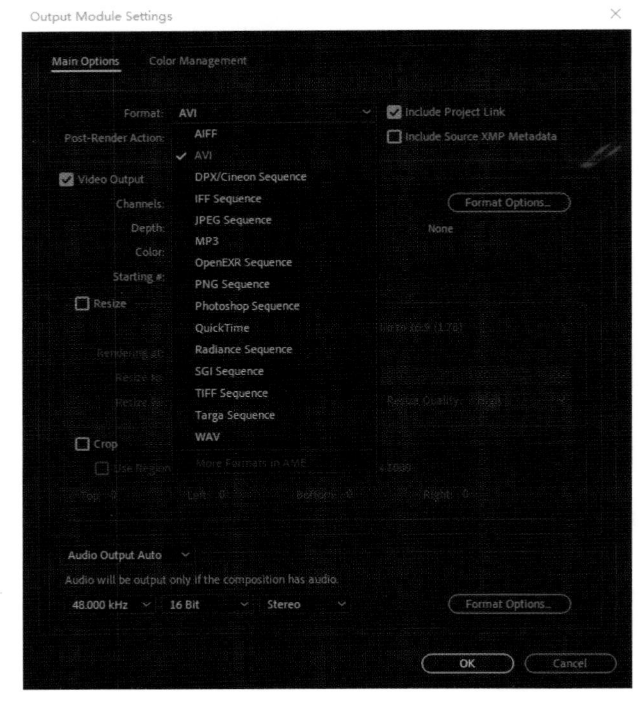

图 8–71

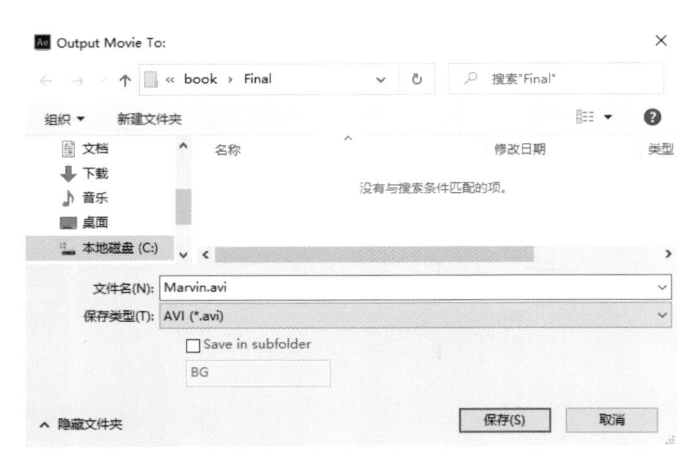

图 8–72

2. 输出最终视频

最后点击渲染序列板块右上角的渲染 Render 按钮进行最终的输出渲染。此后，时间条上会出现蓝色的进度条以显示渲染进程。时间条上 Elapsed 后的数值代表已经渲染的时间，Est. Remain 后的数值代表预计剩余的时间，如图 8–73 所示。由于我们前期添加了许多特效，所以渲染时间会比较久。另外，渲染输出的总时长还和视频的总长度、输出尺寸、图像画质有关。

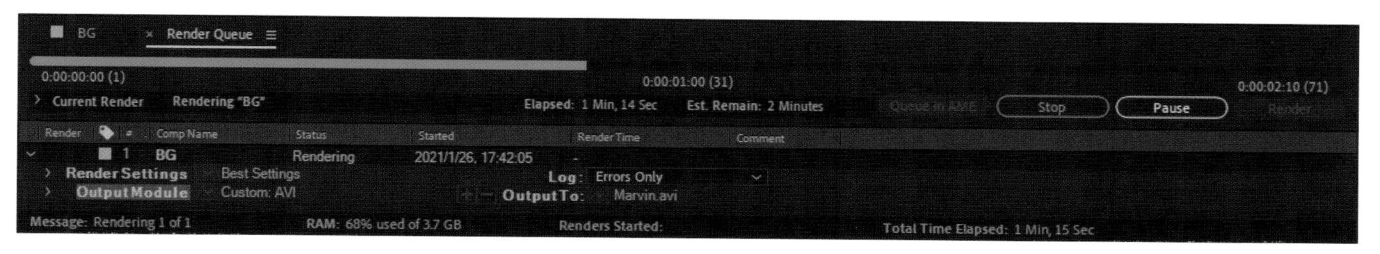

图 8-73

【内容总结】

本章主要讲解了总体画面的色彩控制、热浪波动、场景景深、动感模糊和镜头反光等特效。从颜色质感、画面扭曲和摄像机实拍效果等方面进行细致入微的画面改进，以增强场景的真实感。读者需要对本案例中的各类参数进行多次测试，才能明白其具体作用和实际效果，以更好地改进作品。

【课后作业】

（1）完成本案例的课堂练习，巩固相关内容的制作方法。

（2）将所学到的各类特效制作技巧付诸实践，设计制作一部类似的作品。

参考文献
References

[1] 张刚峰 . After Effects CC 影视特效及商业栏目包装案例 100 + [M]. 北京：清华大学出版社，2018.

[2] 徐明明 . After Effects + MAYA 影视视觉效果风暴 [M]. 北京：清华大学出版社，2018.

[3] 刘力溯，陈明红 . After Effects CC 2017 影视后期特效实战 [M]. 北京：清华大学出版社，2018.

[4] 李伟 . 影视特效镜头跟踪技术精粹 [M]. 北京：人民邮电出版社，2010.